面包
烘焙魔法书

〔日〕大塚节子 著 张伟鑫 译

浙江科学技术出版社

图书在版编目（CIP）数据

面包烘焙魔法书 /（日）大塚节子著；张伟鑫译.
— 杭州：浙江科学技术出版社，2016.1
ISBN 978-7-5341-6729-4

I. ①面… II. ①大… ②张… III. ①面包—烘焙
IV. ①TS213.2

中国版本图书馆CIP数据核字(2015)第141683号

著作权合同登记号　图字：11-2015-87号

原书名：5つの酵母と素材を生かした基本のパン作り
Itsutsu no koubo to sozai wo ikashita kihon no pandukuri © 2008 by Setsuko Ootsuka
Original Japanese edition published in 2008 by Tatsumi Publishing Co., Ltd.
Simplified Chinese Character rights arranged with Tatsumi Publishing Co., Ltd.
Through Beijing GW Culture Communications Co., Ltd.

书　　名	面包烘焙魔法书
著　　者	［日］ 大塚节子
译　　者	张伟鑫

出版发行　浙江科学技术出版社

杭州市体育场路347号　邮政编码：310006
办公室电话：0571-85176593
销售部电话：0571-85176040
网　址：www.zkpress.com
E-mail:zkpress@zkpress.com

排　　版	烟雨
印　　刷	北京缤索印刷有限公司

开　　本	710×1000　1/16	印　张	6.25
字　　数	150 000		
版　　次	2016年1月第1版	印　次	2016年1月第1次印刷
书　　号	ISBN 978-7-5341-6729-4	定　价	39.80元

责任编辑　王巧玲　　责任校对　刘　丹
责任印务　徐忠雷

CONTENTS

Part 6

富面包

Part 7

饱含爱意和真心的面包

注意事项

- 如果没有特殊说明，黄油是无盐黄油，白糖是不完全精制的。
- 鸡蛋和蔬菜如果没有特殊说明，使用中等大小的。
- "配料"里面的"水"是35℃左右的温水。夏天的时候，水温可以稍微低一点，冬天的时候要稍微高一点。
- "发酵温度"表明了制作各种面包的理想环境。揉面结束后目标温度和厨房温度如果比发酵温度高，发酵会提早进行，如果比它低，发酵会推迟。理想湿度是80%。
- 判断发酵是否完成的标准：待面团膨胀至原来大小的2～2.5倍左右，用手指蘸上面粉，在面团顶部捅一个窟窿。拔出手指后，插出的孔洞既不塌陷，也不回缩，而是保持原状的话，表示发酵完成了。
- 本书使用电烤箱。如果用燃气烤箱的话，请把温度调低20℃左右。
- 难易度有5个等级。(随着厨房状况和个人经验的不同难易度会不同)
- 卡路里是在使用干酵母的情况下测量的。
- 预热的时间：如果烤箱没有预热指示灯，需要注意观察加热管的情况，当加热管由红色转为黑色时，就表示预热好了。一般预热需要5～10分钟。

Part 1

用最简单的配料，制作美味面包

法式软面包

　　只用小麦粉、白糖、食盐、酵母、水，就可制作美味的面包。
　　正是因为配料简单，所以不能掉以轻心。黄油、果酱、蔬菜、
鸡蛋，可以随意搭配。不需要很多黄油、油脂和糖分，请好好体味
"少量的白糖和食盐就可以做出美味的面包"，以忠实的态度认真
做吧！而且，掌握了基本的做法之后，一定要赋予酵母、小麦粉、
白糖、食盐以变化，并尝试各种各样的变化！

法式软面包
迷你面包 白面包

因为味道像米饭一样，所以很想把它们放在餐桌上。
面包的美味里包含着对家人的思念。

法式软面包

迷你面包

白面包

口袋面包 面包棒

使用不同的夹馅和配料，可以展现出不同面貌的三明治系列面包。
直接加进你喜欢吃的东西吧！卷起来！

口袋面包

面包棒

法式软面包 (干酵母)

稍微带点甜味，松软。它的粉丝辈出，每天吃也不
会腻。让人觉得"最好的归宿在这里"。

难易度 🐎 🐎 🐎

卡路里：744千卡（1人份）　面包分量：1个

配料

配料	克
高筋面粉	200.0
白糖	6.0
食盐	3.2
酵母	4.0
水	130

发酵

揉面后的目标温度	28℃	
一次发酵	30℃	50～60分钟
二次发酵	30℃	50～60分钟

1 和面

将高筋面粉、白糖、食盐放
进玻璃盆中搅拌均匀。

2 加进温水，用力搓揉，使面粉
和水互相渗透，盖上盖子10分
钟，防止水分蒸发。

3 揉面

将面团平摊在案板上，均匀地
加入干酵母（熟练之前可以
分2～3次做），仔细揉搓5分
钟，直至面粉粘在一起。用手
腕往前推，之后再集中，目的
是使空气进入。如此反复。注
意：不仅仅是手腕用力，而且
要倾注全身的力量来做，这样
面团会变得很容易揉。

4 一口气将面团揉成团之后，再
继续揉搓3～5分钟。

5 一次发酵

面团充分揉搓，直至"皮肤光滑"。揉圆，放进玻璃盆里。盖上盖子，放置在温暖的地方进行一次发酵。

6

待面团膨胀至原来大小的2～2.5倍，用手指判断发酵是否完成。

7 切割与等待时机

用刮面板将面团从玻璃盆里取出，注意不要伤害到面团。用手轻轻按压，挤出空气。将面团颠倒过来，表面朝下。对折，待表面充分舒展之后揉圆，防止接缝干燥，将其朝下放进玻璃盆中，等待15分钟。

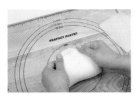

8 成形与二次发酵

用擀面杖轻轻地擀压面团，从中心往外侧挤出空气。

9

往外折2/3，再从对面往里折2/3。再对折一次。注意要让表面伸展开来，使接口平滑（最好用大拇指的指跟）。

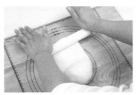

10

轻轻地转，调整形状。放在烤箱纸上。

11 二次发酵

在发酵器皿和湿度高的地方进行二次发酵，直至体积变为原来的2倍。

12 烤制

把面粉（分量外）均匀地撒在面团上，将刀插进面团。盖上盖子等待2～3分钟，即可形成切口。

13

将烤箱预热到230℃。将面团放进烤箱里，在210℃的温度下烤制20～25分钟。

法式软面包（有机天然酵母）

难易度 🐎 🐎 🐎

卡路里：744千卡（1人份）　面包分量：1个

配料

配料	克
高筋面粉	200.0
白糖	6.0
食盐	3.2
酵母	4.0
水	124.0

发酵温度

揉面后的目标温度	28℃	
一次发酵	30℃	60～70分钟
二次发酵	30℃	50～60分钟

1 　2

3

5

1 和面
在玻璃盆里加入高筋面粉、白糖、食盐搅拌均匀。

2
加入温水将面团揉成一团，盖上盖子等待10分钟。

3 揉搓
将面团放在案板上，均匀地撒上有机天然酵母。（熟练之前也可以分2～3回撒入。）充分揉搓5分钟，直至面粉相互粘在一起。

4
一口气将面团揉成团之后，再继续揉搓3～5分钟。

5 一次发酵与揉面
将面团充分揉搓，直至"皮肤光滑"之后，揉圆，放进玻璃盆里。盖上盖子，放置在温暖的地方进行一次发酵。

> 发酵进行30分钟之后将面团取出，揉搓，并重新揉圆。继续发酵30～40分钟。

6
待面团膨胀至原来大小的2.5倍左右，用手指判断发酵是否完成。

7 切割与等待时间
用刮面板将面团从玻璃盆里取出，注意不要伤害到面团。用手轻轻按压，挤出空气。将面团颠倒过来，表面朝下。对折，待表面充分舒展之后揉圆，为防止接缝干燥，将其朝下放进玻璃盆中，等待15分钟。

8 成形与二次发酵
用擀面杖将面团擀成长长的形状之后，将其表面翻转朝下。

9
往外折2/3，从对面往里折2/3。再对折一次。要让表面伸展开来，使接口充分光滑。

10
轻轻滚动面团调整它的形状，随后将其放在烤箱纸上进行二次发酵，直至大小变成原来的2倍左右。

11 烤制
将烤箱预热到230℃。

12
将面粉（分量外）均匀撒在面团上，将刀插进面团。盖上盖子等待2～3分钟，促进切口形成。

13
将面团放进烤箱里，在210℃的温度下烤制20～25分钟。

迷你面包

圆乎乎的样子在餐桌上很受欢迎。

难易度

卡路里：136千卡/个　　面包分量：7个

7……∶．

10……∶．

配料与发酵温度

配料	干酵母	有机天然酵母
	克	克
高筋面粉	300.0	250.0
白糖	15.0	12.5
食盐	4.8	4.0
酵母	6.0	5.0
水	195.0	162.5
揉面后的目标温度　28℃		28℃
一次发酵　30℃ 50～60分钟		30℃ 60～70分钟
二次发酵　30℃ 50～60分钟		30℃ 50～60分钟

1　和面
在玻璃盆里加入高筋面粉、白糖、食盐搅拌均匀。

2　加入温水揉成一团，盖上盖子等待10分钟。

3　揉搓
将面团放在案板上，均匀地撒上有机天然酵母。（熟练之前也可以分2～3次撒入。）充分揉搓5分钟，直至面粉相互粘在一起。

4　一口气将面团漂亮地揉成团之后，再继续揉搓3～5分钟。

5　一次发酵
揉好之后，弄成漂亮的圆形。放进玻璃盆里。盖上盖子，进行一次发酵。

> 使用有机天然酵母时，需要在一次发酵进行30分钟之后将面团取出，揉搓，并重新揉圆。之后继续发酵约30～40分钟。

6　待面团膨胀至原来大小的2.5倍左右，用手指判断发酵是否完成。

7　切割与等待时间
将面团从玻璃盆里取出，分成7等份，揉圆。等待10分钟。

8　成形与二次发酵
将面团充分延展并重新揉圆。

9　二次发酵
待面团膨胀到原来的2倍。

10　烤制
在面团上弄一个切口，将烤箱预热到200℃，烤制15分钟。

加入酵母的时间
❖干酵母
步骤3的时候，将面团放在案板上摊开，加入酵母，一边揉面一边使酵母和面团混合均匀。

面包备忘录
　　迷你面包和白面包都是每天吃也不会厌烦的面包。由于它们是每天都享用的面包，所以很想做得简单、美味而松软。在面团充分舒展之后再使之成形，做出来的面包会更漂亮。

白面包

能和任何食材搭配,风味纯正,松软可口。夹上火腿、黄油、莴苣,尽情享受搭配的乐趣吧!

难易度 🐎🐎🐎

卡路里:144千卡/个　　面包分量:8个

7 ……:.

8 ……:.

配料与发酵温度

配料	干酵母	有机天然酵母
	克	克
高筋面粉	300.0	200.0
白糖	15.0	10.5
食盐	4.8	3.6
酵母	6.0	4.0
水	195.0	120.0
揉面后的目标温度	28℃	28℃
一次发酵	30℃ 50～60分钟	30℃ 60～70分钟
二次发酵	30℃ 50～60分钟	30℃ 50～60分钟

加入酵母的时间

❖干酵母、有机天然酵母
步骤3的时候,将面团放在案板上摊开,加入酵母,一边揉面一边使酵母和面团混合均匀。

1 和面
在玻璃盆里加入高筋面粉、白糖、食盐搅拌均匀。

2 加入温水揉成一团,盖上盖子等待10分钟。

3 揉搓
将面团放在案板上,均匀地撒上有机天然酵母。(熟练之前也可以分2～3回撒入。)充分揉搓5分钟,直至面粉相互粘在一起。

4 一口气将面团漂亮地揉成团之后,再继续揉搓3～5分钟。

5 一次发酵
揉好之后,弄成漂亮的圆形。放进玻璃盆里。盖上盖子,进行一次发酵。

使用有机天然酵母时,需要在一次发酵进行30分钟之后将面团取出,揉搓,并重新揉圆。之后继续发酵约30～40分钟。

6 待面团膨胀至原来大小的2.5倍左右,用手指判断发酵是否完成。

7 切割与等待时间
将面团放在案板上,揉圆,盖上纱布,等待10分钟。

8 成形与二次发酵
在案板上撒上面粉(分量外),放上面团。轻轻地挤压出空气(圆形稍微扩大),调整它的形状。但注意不要破坏面团的圆形。在面团上撒上面粉(分量外),将面团切成8等份。

9 二次发酵。直至大小变成原来的2倍。

10 烤制
将烤箱预热到180℃,烤制12～15分钟。烤成白色的(没有烤熟的焦黄色)。

口袋面包

口袋面包是中东及地中海地区非常传统的食物，它内部中空，你可以在口袋里加入喜欢吃的各种食材，体验美妙的滋味。

难易度

卡路里：165千卡/个　面包分量：8个

配料与发酵温度

配料	干酵母 克	有机天然酵母 克
高筋面粉	350.0	350.0
白糖	10.5	10.5
食盐	5.6	5.6
酵母	7.0	7.0
水	227.5	217.0
揉面后的目标温度	28℃	28℃
一次发酵	30℃ 50～60分钟	30℃ 60～70分钟
二次发酵	30℃ 10分钟	30℃ 10分钟

准备

❖ 请参照"法式软面包"的第1步到第6步的"一次发酵"。

❖ 干酵母 →第8页

❖ 有机天然酵母→第10页

7…∴.

8…∴.

10…∴.

7 切割与等待时间

将面团从玻璃盆里取出分成8份，揉圆。等待10分钟。

8 成形与二次发酵

将面团放在案板上，延展成圆形。用擀面杖先横后竖的顺序来擀面，可以擀得很漂亮。

9 放置10分钟。注意不要让面团干燥。

10 烤制

将烤箱预热到220℃，烤制6～7分钟，直至充分膨胀起来。

推荐：切开口袋面包，在里面加入食材做成三明治风味面包。

虾仁沙拉面包

卡路里：426千卡/个　面包分量：2个

配料：口袋面包2个、虾仁6个、鳄梨半个、洋葱1/6个、什锦生菜沙拉适量、调味料（橄榄油1大匙、食醋1大匙、柠檬汁1大匙、胡椒粉和食盐少许）

做法：1 将虾仁煮熟。把洋葱切碎放水中泡10分钟，除去水分。将鳄梨切成大方块。2 将1放进碗里，加入调味料，拌匀。放在冰箱里冷藏20分钟，使之充分入味。3 在面包上加上2和什锦生菜沙拉。

面包棒

意大利菜必不可少的"名角"。加入罗勒、芝麻、奶酪粉、胡椒粉。

难易度

卡路里：30千卡/个　面包分量：20～25个

配料与发酵温度

配料	干酵母 克	有机天然酵母 克
高筋面粉	200.0	200.0
白糖	10.0	10.0
食盐	3.6	3.6
酵母	4.0	4.0
水	126.0	120.0
揉面后的目标温度	28℃	28℃
一次发酵	30℃ 50～60分钟	30℃ 60～70分钟
二次发酵	没有	没有

准备

请参照"法式软面包"的第1步到第6步的"一次发酵"。

✤ 干酵母 →第8页

✤ 有机天然酵母→第10页

7...∴.

8...∴.

9...∴.

7 切割与等待时间

将面团取出，放在案板上挤压，去除里面的空气。再次揉圆之后，平放。最好将它放在温度较低的地方30分钟（夏天最好用冰箱）。

8 成形与二次发酵

在案板上撒上面粉（分量外），用擀面杖将面团擀成厚度约为6～7毫米的面饼。

9 切成约1厘米宽的条，摆在烤箱的烤盘上。注意相互之间要预留空间。

10 烤制

摆好之后，马上放进烤箱，220℃烤制15～18分钟，直至充分膨胀起来（不用发酵）。

和酒一起享用怎么样？这是能充分展示简单食材之魅力的绝妙组合！

生火腿卷面包棒

卡路里：146千卡/个　面包棒分量：4个（2人份）

配料：面包棒4根、生火腿4片、橄榄油适量

做法：1 每根面包棒卷上一片火腿。2 根据个人喜好滴上橄榄油。

如何烤制出美味的面包

"减少式的面包制作" 和 "酵母的特性"

味道鲜美的佳肴总是各有各的不同。这里面有味道的原因，也有大家意见的不统一的原因。

但是，很多食材的美味是得到大家公认的。比如米，米是从古代流传至今、大家都爱吃的食物。

我认为面包也是一样。基于这一点，我提倡制作简单的面包。也就是"减少式的面包制作"。制作时，尽量不用不必要的东西，做出来的面包散发小麦香、酵母味，自然的美味充分发挥出来。

这种"减少式的面包制作"中，对面包的味道起决定作用的是酵母在发酵过程中分解糖分产生的酸性气体。即发酵时产生的香味。

正因为如此，"减少式的面包制作"应建立在了解酵母特性的基础上。

减少式面包制作中，糖最好用含蜜糖的，食盐最好用天然食盐。因为发酵的时候，有些酵母的味道会在某些矿物质的作用下发生巨大变化。

本书选择在揉面的时候加入发酵粉是因为干酵母有着很强的发酵能力。

有机天然酵母不适合在水中浸泡很长时间，需要我们在面团揉好之后再加入酵母粉。为了有好的发酵效果、烤制出美味的面包，发酵进行过程中要进行揉面。

虽然做出来的都是面包，但是为了好吃就有必要了解一下酵母的特性，调整配料的多少和温度的高低。这样，做出美味的面包就会变得超级简单。

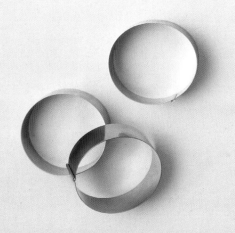

Part 2

加入多种面粉，越嚼越香

麦香面包

　　用混合粉烤制麦香面包。混合粉是由小麦粉+全麦粉、小麦粉+黑麦粉等混合两种以上面粉组成的。

　　全麦粉是用整个麦粒制成的，营养价值高、风味香醇，而且味道天然，很受人们喜爱。黑麦粉里的谷蛋白含量很少，做面包有难度，但是和小麦粉混合之后却意外地变得简单了。如果和越嚼越香浓的坚果、干果混合烤的话，甜味就更能被诱发出来。小麦粉里混入别的面粉，面包将呈现多种风姿。

全麦面包

全麦粉的香气诱人，富含食物纤维、维生素、矿物质等营
养素，是人们餐桌上爱吃的面包。

普通甜甜圈
全麦甜甜圈

很能满足食欲,但是卡路里却很低!
正是因为选材简单,所以能充分发挥食材的美味!

全麦面包（干酵母）

将散发着清香的全麦粉撒在面包上。
因为没有酸味，所以不习惯德国面包的人也可以轻松享用。

难易度 🐎🐎🐎

卡路里：1105千卡/个　　面包分量：1个

配料

配料	克
高筋面粉	240.0
全麦粉	60.0
白糖	9.0
食盐	5.4
酵母	6.0
水	186.0

发酵温度

揉面后的目标温度	28℃	
一次发酵	30℃	40～50分钟
二次发酵	30℃	40～50分钟

1 和面

在玻璃盆里加入高筋面粉、全麦粉、白糖、食盐搅拌均匀。

2

加入温水揉成一团，盖上盖子等待10分钟。

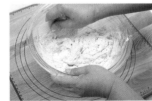

3 揉面

将面团平摊在案板上，均匀地加入干酵母，揉搓5分钟，直至面粉粘在一起。用手腕往前推，之后再集中，目的是使空气进入。

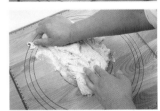

4 一口气将面团揉成团之后,再继续揉搓3 ~ 5分钟。

5 一次发酵

将面团揉成漂亮的圆形,放进玻璃盆里,盖上盖子,将其放置在温暖的地方,进行一次发酵。

6 待面团膨胀至原来大小的2.5倍左右,用手指判断发酵是否完成。

7 切割与等待时间

将面团从玻璃盆里取出,用手轻轻地按压挤出空气。将面饼对折,等待15分钟。

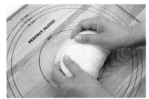

8 成形与二次发酵

尽量揉出舒展漂亮的外形,接缝的地方要揉光滑。

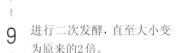

9 进行二次发酵,直至大小变为原来的2倍。

10 烤制

将烤箱预热到230℃。把面粉(分量外)均匀地撒在面团上,切出4个切口。放置2 ~ 3分钟,待切口裂开之后将其放进200℃烤箱里烤制25 ~ 30分钟。

面包备忘录

　　一般来讲,全麦面包变质比较快,所以必须尽早吃。但是,如果小麦粉的含量比较多,就不会出现这个问题。大面包比小面包容易保存。

全麦面包（有机天然酵母）

难易度 🐎🐎🐎

卡路里：1105千卡/个　面包分量：1个

配料

配料	克
高筋面粉	240.0
全麦粉	60.0
白糖	9.0
食盐	5.4
酵母	6.0
水	177.0

发酵温度

揉面后的目标温度	26℃	
一次发酵	30℃	50～60分钟
二次发酵	30℃	40～50分钟

1 和面
在玻璃盆里加入高筋面粉、全麦粉、白糖、食盐，搅拌均匀。

2 加入温水揉成一团。盖上盖子，等待10分钟。

3 揉面
将面团放在案板上展开，加入有机天然酵母充分揉搓，直至面粉和酵母完全混合均匀。

4 一口气将面团揉成团，再继续揉搓3分钟。

5 一次发酵
将面团揉成漂亮的圆形，放进玻璃盆里，盖上盖子，放置在温暖的地方进行一次发酵。

发酵开始30分钟之后将面团取出，揉搓，并重新揉成圆球形。再次发酵20～30分钟。

6 待面团膨胀至原来大小的2.5倍左右，用手指判断发酵是否完成。

7 切割与等待时间
将面团从玻璃盆里取出，用手轻轻地按压，挤出空气；将面饼对折之后揉圆，等待15分钟。

8 成形与二次发酵
尽量揉出舒展漂亮的外形，接缝的地方要揉光滑。

9 进行二次发酵，直至大小变成原来的2倍。

10 烤制
将烤箱预热到230℃。把面粉（分量外）均匀地撒在面团上，切出4个切口。放置2～3分钟，待切口裂开之后将其放进200℃烤箱里烤制25～30分钟。

普通甜甜圈
全麦甜甜圈

虽然在美国很火爆,但是实际上是发源于欧洲的新潮面包。

难易度 🐴 🐴 🐴

卡路里:165千卡　普通甜甜圈/个　面包分量:7个
　　　162千卡　全麦甜甜圈/个　面包分量:7个

配料与发酵温度　普通甜甜圈

配料	干酵母 克	有机天然酵母 克
高筋面粉	300.0	300.0
白糖	15.0	15.0
食盐	4.8	4.8
酵母	6.0	6.0
水	189.0	186.0
揉面后的目标温度	26℃	26℃
一次发酵	30℃　25分钟	30℃　25分钟
二次发酵	30℃　30分钟	30℃　30分钟

配料与发酵温度　全麦甜甜圈

配料	干酵母 克	有机天然酵母 克
高筋面粉	240.0	240.0
全麦粉	60.0	60.0
白糖	15.0	15.0
食盐	5.4	5.4
酵母	6.0	6.0
水	180.0	171.0
揉面后的目标温度	26℃	26℃
一次发酵	30℃　20分钟	30℃　30分钟
二次发酵	30℃　20分钟	30℃　20分钟

> **加入酵母的时间**
> ❖干酵母、有机天然酵母
> 步骤3的时候,将面团放在案板上
> 展开,加入酵母,一边揉面一边使
> 酵母和面团混合均匀。

1　和面
在玻璃盆里加入高筋面粉
(做全麦甜甜圈的时候还要
加入全麦粉)、白糖、食盐,
搅拌均匀。

2 加进温水揉成一团,盖上盖
子,等待10分钟。

3　揉面
将面团放在案板上,揉搓5分
钟。

4 一口气将面团漂亮地揉成团
之后,再继续揉搓3分钟。

5　一次发酵
将面团揉成漂亮的圆形,放
进玻璃盆里,盖上盖子,放
置在温度为30℃的地方,进
行约20分钟的一次发酵。

> 使用有机天然酵母时,在
> 发酵开始15分钟之后将面
> 团取出,揉搓,并重新揉成
> 圆球形,再次发酵约10分
> 钟。总共需要发酵25分钟。

6　切割与等待时间
待面团发酵至原来大小的2
倍左右,将面团分切成7等份,
每份70克。揉圆,等待15分钟。

7　成形与二次发酵
用擀面杖把面团擀成长形,
将两端往中间折,再对折一
次。注意保证接缝处要揉
光滑。将面团滚动揉搓,做
出形状。(这时候注意让一
头不光滑,让它像勺子那样
从边缘扩展开来。)

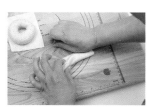

8 将比较细的一头塞进扩展开来的一头，揉搓光滑，做成圆圈。

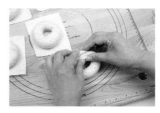

9 切割与等待时间

在30℃的环境下进行30分钟的二次发酵，直至大小变成原来的1.5倍左右。（照片展示的是发酵前和发酵后。）

10 烤制

在平底锅里加入白砂糖和橄榄油烧开。面皮每面炸1分钟。每次在油锅里放2～3个。（注意：如果一次放得过多会导致温度急剧下降。）

11 将烤箱预热到230℃，放入甜甜圈的饼坯，温度调至200℃，烤制15分钟。

黑麦面包

糙米面包

黑麦面包 糙米面包 胚芽奶酪面包 卷饼

这些面包虽然外表普通,但是维生素、矿物质、纤维素等含量丰富。

胚芽奶酪面包

卷饼

黑麦面包

可以享受到黑麦和杂粮谱写出的和谐旋律。这款面包在营养价值上无可挑剔，而且吃起来并不像外表看起来的那样，是很柔软的。

难易度

卡路里：936千卡/个　面包分量：1个

配料和发酵温度

配料	干酵母 克	有机天然酵母 克
高筋面粉	200.0	200.0
黑麦粉	50.0	50.0
白糖	12.5	12.5
食盐	4.5	4.5
酵母	5.0	5.0
水	157.5	150.0
揉面后的目标温度　26℃		26℃
一次发酵	30℃ 40～50分钟	30℃ 50～60分钟
二次发酵	30℃ 40～50分钟	30℃ 40～50分钟

准备 1 ～ 5

❖ 直到步骤5，做法都和"全麦面包"一样。只是在步骤1的时候将全麦粉换成黑麦粉，并将其和小麦粉充分混合。

❖ 干酵母 → 第20页

❖ 有机天然酵母 → 第22页

6 切割与等待时间

一次发酵结束后，将面团放在案板上，用手按压，挤出里面的空气。将面团翻转，从里往外滚动，揉成椭圆形。等待15分钟。

6……

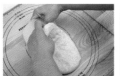

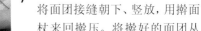

7 成形与二次发酵

将面团接缝朝下、竖放，用擀面杖来回擀压。将擀好的面团从里往外卷成卷，接缝揉搓光滑。在其表面喷雾并粘上杂粮。

7……

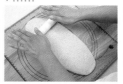

8 二次发酵，直至大小变成原来的2倍左右。

9 烤制

将烤箱预热到230℃。切出1个切口。放置2～3分钟，待切口裂开之后将其放进200℃烤箱里烤制25分钟。

8……

> **面包备忘录**
>
> 将黑麦的量控制在20%会使面包制作更容易、口感柔滑。即使是不习惯吃粗糙且有酸味的黑麦的人，也会吃得津津有味。

糙米面包

在这款面包里，有嚼劲的口感和糙米的风味相得益彰，很适合搭配日本风味的点心。

难易度

卡路里：193千卡/个　面包分量：0.5千克　面包大小：9.5厘米×20厘米×10厘米

配料和发酵温度

配料	干酵母 克	有机天然酵母 克
高筋面粉	270.0	270.0
糙米粉	30.0	30.0
白糖	15.0	15.0
食盐	4.8	4.8
酵母	6.0	6.0
水	204.0	198.0
揉面后的目标温度 28℃		28℃
一次发酵	30℃ 10～50分钟	30℃ 50～60分钟
二次发酵	30℃ 50～60分钟	30℃ 50～60分钟

准备 1～5

✣直到步骤5，做法都与"全麦面包"一样。只是在步骤1的时候将全麦粉换成糙米粉，并将其和小麦粉充分混合。

✣干酵母　→第20页

✣有机天然酵母　→第22页

6 切割与等待时间

一次发酵结束后，将面团放在案板上，用手按压，挤出里面的空气。揉成椭圆形。等待15分钟。

6…∴.

7…∴.

7 成形与二次发酵

用擀面杖将面团擀压成长约18厘米左右的面饼。将擀好的面饼从里往外卷成卷，接缝揉光滑，等待15分钟。

8 将面团放进模型里，接缝保证在正下方。二次发酵，直至面团接近模型的边缘。

8…∴.

9 烤制

将烤箱预热到160℃。在160℃的温度下烤制约25分钟。

9…∴.

> **面包备忘录**
>
> 制作的秘诀包括：将小麦粉和糙米粉充分混合；烤制完成之后轻轻碰撞桌子，摇晃盛面包的模子以排出里面的余热和空气。将面包从模子里取出，使其迅速冷却。

胚芽奶酪面包

虽然包含了一餐的营养,但是绝不过量。热乎乎、黏糊糊,请好好享受如此恰到好处的奶酪吧。

难易度 🐎🐎🐎

卡路里:211千卡/个　　面包分量:5个

配料和发酵温度

配料	干酵母 克	有机天然酵母 克
高筋面粉	200.0	200.0
小麦胚芽	10.0	10.0
白糖	10.0	10.0
食盐	3.6	3.6
酵母	4.0	4.0
水	136.0	130.0
奶酪	75.0	75.0
揉面后的目标温度	28℃	28℃
一次发酵	30℃ 40～50分钟	30℃ 50～60分钟
二次发酵	30℃ 40～50分钟	30℃ 40～50分钟

准备 1～5

❖ 直到步骤5,做法都和"全麦面包"一样。只是在步骤1的时候将全麦粉换成小麦胚芽,并将其和小麦粉充分混合。

❖ 干酵母 →第20页

❖ 有机天然酵母→第22页

6 切割与等待时间

一次发酵结束后,将面团放在案板上,分割成5份,逐个揉成椭圆形。等待15分钟。

6……∴.

7……∴.

8……∴.

7 成形与二次发酵

用擀面杖擀压面团,以每个面团15克的量,均匀地加入奶酪。将擀好的面团从边缘往里卷成卷,注意接缝处要揉搓光滑,用手调整其形状。

8

二次发酵,直至面团大小变为原来的2倍左右。在面团上切一个切口,放置2～3分钟。

9 烤制

将烤箱预热到230℃。待切口裂开之后将其放进200℃烤箱里烤制25分钟。

> **面包备忘录**
>
> 看起来很简单,却能品尝出奶酪的味道。胚芽的风味和奶酪相互融合使这种面包越嚼越香。

卷饼

顾名思义,"卷"的目的在于"包"。
全麦粉的香味和肉相组合,味道绝妙无比。

难易度 🐴 🐴 🐴

卡路里:175千卡/个　面包分量:4个

配料和发酵温度

配料	干酵母 克	有机天然酵母 克
高筋面粉	100.0	100.0
糙米粉	100.0	100.0
白糖	6.0	6.0
食盐	3.2	3.2
酵母	2.0	2.0
水	130.0	124.0
揉面后的目标温度	28℃	28℃
一次发酵	30℃　30分钟	30℃　30分钟
二次发酵	没有	没有

准备 1 ～ 5
❖ 直到步骤5,做法都和"全麦面包"一样。只是在步骤5的时候,一次发酵的时间要比"全麦面包"短,约30分钟。
❖ 干酵母 →第20页
❖ 有机天然酵母→第22页

6 切割与等待时间
一次发酵结束后,将面团放在案板上,分割成4份,逐个揉成椭圆形。等待15分钟。

6 ...:.

7 ...:.

8 ...:.

9 ...:.

7 成形与二次发酵
将面团放在案板上,用擀面杖将其擀成薄片。(直径18～20厘米最好。如果擀压有困难,将其分成两份来做会容易很多。把擀好的面饼放在专用纸上静置5分钟,注意防止水分蒸发。不需要二次发酵。)

8 烤制
面饼的一面朝下,放在平底锅里,用文火烤制1～2分钟。(面饼如果烤透了就会很容易撕掉上面的纸,之前不要勉强去撕。)

9
撕掉上面的纸,翻转,继续烤制1～2分钟。

> **面包备忘录**
> 　烤制完成之后待其冷却,放入塑料袋里。这样就可以保持卷饼的柔软可口,随时可以当作三明治卷使用。

手制面包的魅力

"小麦粉、酵母、水,面包就是由这些完全不同的配料组合起来的"

为了做出美味的面包,需要将这些配料"合一",做出面筋来。这个过程称为揉面。

当然,用机器也可以轻易地完成,但是,如果用手揉面,岂不是能充分感受到小麦粉、酵母和水在自己的手中神奇地合一的乐趣?

另外,本书也尝试引进一种新的概念:"伴着两首歌曲做面包"。这是一种一边听音乐一边揉面的创意。

例如,本书里说到要"揉面5分钟",于是大家就会认为重要的不是"把面揉好"而是"花费5分钟",就会一味关注时间。这样一来,面包就会做不好。

因此,配料混合之后首先要让面粉吸足水分,等待10分钟之后再开始。揉面的时候,首先播放一曲4～5分钟的快节奏音乐,让自己集中精力。播完了一曲之后,让面团稍微"休息、呼吸"一下,再播放新的一曲,直到揉面结束。这样,在享受音乐的过程中,面也揉好了。

随后请注意保持面团不干燥,让它在适合的环境里发酵,酵母就会帮助我们造出可口的面包。

我们可以体会到做面包的艰辛和愉悦,可以体会到面团在自己的手掌里来回运动产生的微妙变化,仿佛自己能够和自然对话了似的。我想,这既是做面包的魅力,也是做面包的技术。

如果能够做到对任何面粉和食谱都处理自如,面包制作就更有乐趣了。

同时,我们还可以欣赏面团慢慢发酵的过程,体会让面团在合适的时间里烤制完成的乐趣,也可以体会到亲手制作一种新的食物的喜悦。从烤箱里飘出来的熟面包的香味里体会到幸福的,不仅仅是制作面包的我们吧?

我们关注着发酵过程中的室温、湿度,感受着小麦粉和酵母发生的变化,这些都是手制面包的乐趣。

请忽略掉少许的失败,尝试各种各样的酵母和食谱吧!在这个过程中,你一定会找到你的最爱。

Part 3

我们家成了每天做面包的面包房!

田园面包

　　正因为这是每天都要吃的面包,所以下力气烤制的面包在我们家有着不变的一席。让我们来研究这种百吃不厌的面包的制作方法,学习它们的成形和烤制的不同之处吧! 本章介绍的田园面包,可以称为"百变面包"。这种面包可以变换出甜瓜面包、夹馅面包、果酱面包、奶油面包……我们可以从中充分享受到创作和搭配的乐趣。因为它的味道很平淡,所以我们都喜欢在里面加入蛋、奶、果冻、馅等,仿佛我们家成了每天动手做面包的面包房,我们有很多拿手好戏哦!

热狗面包

田园面包

田园面包 热狗面包

把田园面包放在煤气灶上烤得恰到好处，呈现暗橙色。
这时候它会变得脆脆的。当然，要在上面抹上果酱。

小圆面包　英国松饼

这里蕴涵着英伦情调。朴素里面呈现不凡魅力的面包们，怎么吃，就看你自己了！

英国松饼

小圆面包

田园面包（干酵母）

这是一款热乎乎的、平凡的、有着让人怀念味道的面包。
强烈推荐。

难易度　🐎 🐎 🐎 🐎

卡路里：196千卡/个

面包重量：0.5千克　面包大小：9.5厘米×20厘米×10厘米

配料

配料	克
高筋面粉	280.0
白糖	14.0
食盐	4.5
酵母	5.6
水	182.0
黄油	14.0

发酵温度

揉面后的目标温度	28℃	
一次发酵	30℃	50～60分钟
二次发酵	30℃	60～70分钟

1　和面

将小麦粉、白糖、食盐倒进玻璃盆里，搅拌均匀。

2　加入温水，使玻璃盆里的配料和水混合均匀，揉成团。盖上盖子，等待10分钟。

3　揉面

将和好的面放在案板上，均匀地加入干酵母，揉搓2～3分钟。用手腕从里往外揉压面团再收回来以便空气进入。如此反复。

4　将常温的黄油切成细小的丁加进面团，依照一定的节奏，充分揉搓5～6分钟。

5 一口气将面团揉成团之后，再继续揉搓3～5分钟。

6 一次发酵

揉面，直至面团的"肌肤"变得光滑，把它揉成漂亮的圆形，盖上盖子，放进玻璃盆里进行一次发酵。

7 待面团大小变为原来的2.5倍左右，用手指判断发酵是否完成。

8 切割与等待时间

称量面团的大小，将其分割成均匀的两块，揉圆。等待15分钟。

9 成形与二次发酵

用擀面杖充分擀压，排出面团的空气，将面团对折。等待10分钟。

10 再一次用擀面杖充分擀压，排出面团的空气，将面团对折。

11 将面团翻过来，用擀面杖擀压，对折，再对折，使它呈圆形。注意要保证面团表面充分伸展，接缝光滑。将面团的接缝朝下放进面包模子里，进行二次发酵，直至面团胀满模子。

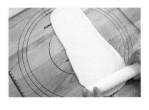

12 烤制

将烤箱预热到160℃，随后在190℃的温度下烤制20分钟，在200℃的温度下再烤制5分钟，即可完成。

面包备忘录

田园面包是最受欢迎的面包。和制作糙米面包（第29页）时一样，要冷却30分钟以上。特别是二次发酵的时候，要注意防止面团干燥。

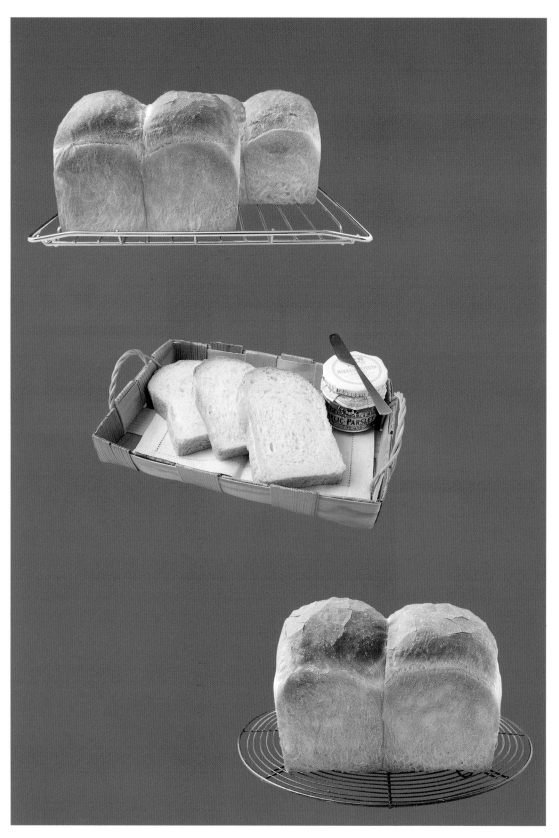

田园面包（有机天然酵母）

难易度　🐎 🐎 🐎 🐎

卡路里：196千卡/个

面包重量：0.5千克　面包大小：9.5厘米×20厘米×10厘米

配料

配料	克
高筋面粉	280.0
白糖	14.0
食盐	4.5
酵母	5.6
水	173.6
黄油	14.0

发酵

揉面后的目标温度		28℃
一次发酵	30℃	60～70分钟
二次发酵	30℃	60～70分钟

1 和面
在玻璃盆里加入小麦粉、白糖、食盐搅拌均匀。

2 加入温水揉成一团，盖上盖子等待10分钟。

3 揉面
将面团放在案板上，均匀地加入有机天然酵母，充分揉搓2～3分钟，直至面粉相互粘在一起。

4 将常温的黄油切成细小的丁加进面团，依照一定的节奏，充分揉搓5分钟左右。

5 将面团揉成团之后，再进行3～5分钟的揉搓。

6 一次发酵
将面团揉成漂亮的圆，放进玻璃盆里，盖上盖子，进行一次发酵。

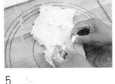

7 待面团大小变为原来的2.5倍左右，用手指判断发酵是否完成。

8 切割与等待时间
测量面团的大小，将其分割成均匀的两块，揉圆。等待15分钟。

> 发酵30分钟之后，将面团拿出来揉一次，重新揉圆，接着再发酵30～40分钟。

9 成形与二次发酵
用擀面杖充分擀压，排出面团内部空气，将面团对折。等待10分钟。

10 再一次用擀面杖充分擀压，排出面团内部空气，将面团对折。

11 将面团翻过来，用擀面杖擀压，对折，再对折，使它呈圆形。注意要保证面团表面充分伸展，接缝光滑。将面团的接缝朝下放进面包模子里，进行二次发酵，直至面团胀满模子。

12 烤制
将烤箱预热到160℃，在190℃的温度下烤制20分钟，在200℃的温度下再烤制5分钟，即可完成。

13 烤制完成之后轻轻碰撞桌子，振动盛面包的模子以排出里面的余热和空气。将面包从面包模子里取出，使其迅速冷却。

热狗面包

热狗面包是用来制作热狗的。做一个切口，放进热腾腾的红肠和青菜。一口咬下去，回味无穷。

难易度　🐎 🐎

卡路里：175千卡/个　面包分量：6个

配料和发酵温度

配料	干酵母 克	有机天然酵母 克
高筋面粉	250.0	250.0
白糖	12.5	12.5
食盐	4.0	4.0
酵母	5.0	5.0
水	162.5	162.5
黄油	12.5	15.5
揉面后的目标温度　28℃		28℃
一次发酵	30℃ 50～60分钟	30℃ 60～70分钟
二次发酵	30℃ 50～60分钟	30℃ 50～60分钟

准备 1～7

直到步骤7的手指判断，做法都和"田园面包"一样。

❖干酵母 →第36页

❖有机天然酵母 →第39页

8 **切割与等待时间**

一次发酵结束后，把面团取出放在案板上，分割成大小相等的6份。各自揉成椭圆形，等待10分钟。

8…∴.

9…∴.

9 **成形与二次发酵**

将接缝朝下，用擀面杖将面团擀成椭圆的面片。面片的表面朝下，卷成卷。用手整出形状，注意接缝要光滑。

10 把接缝朝下放置。进行二次发酵，直至大小变为原来的2倍左右。

11 **烤制**

将烤箱预热到190℃，烤制12～15分钟。

10…∴.

面包备忘录

　　记住这种热狗面包的做法之后，可以演变出三明治、热狗、油炸三明治、炒面面包，可烹调的范围就大大增加了。这难道不是一件令人高兴的事情吗？热狗面包（做汉堡用的小圆面包）要在刚刚烤好的时候就把配料加进去，趁热吃才最好吃。

小圆面包

令人非常向往的怀旧面包,非常可爱。只是舔一舔就能尝到幸福的味道。

难易度 🐎 🐎 🐎

卡路里:139千卡/个　面包分量:6个

配料和发酵温度

配料	干酵母 克	有机天然酵母 克
高筋面粉	200.0	200.0
白糖	10.0	10.0
食盐	3.2	3.2
酵母	4.0	4.0
水	130.0	126.0
黄油	10.0	10.0

揉面后的目标温度 28℃		28℃
一次发酵	30℃ 50～60分钟	30℃ 60～70分钟
二次发酵	30℃ 50～60分钟	30℃ 50～60分钟

准备 1 ～ 7

✤ 直到步骤7的手指判断,做法都和"田园面包"一样。

✤ 干酵母 →第36页

✤ 有机天然酵母 →第39页

8 切割与等待时间
一次发酵结束后,把面团取出放在案板上,分割成大小相等的6份。各自揉成椭圆形,等待10分钟。

9 成形与二次发酵
再次揉圆。放置10分钟之后,用面粉筛撒一些干面粉在面团上,然后用粘了面粉的棒子(也可以是粗筷子之类的)从面团中间横着使劲往下压。

10 进行二次发酵,直至面团大小变为原来的2倍左右。

11 将烤箱预热到190℃,烤制12～15分钟。

面包备忘录

"啊,糟了,切断了!?"你完全有可能做到这种程度。记住要用棒子用力往里压,做出一个深深的槽来,这样才能烤制出漂亮的外形。如果没有做小圆饼专用的棒子,可以用粗一点的筷子代替。

夹馅面包 奶油面包 乳蛋面包

作为小孩子的零食，它们很受欢迎。无论什么样的面包，
只要使用的是自己喜欢的食材，就会变得很好吃。

夹馅面包

奶油面包

乳蛋面包

维也纳面包 甜瓜面包 土豆火腿面包

糕点店里面很有人气的面包。因为配料很简单，只要在面包里额外加点东西就会马上显现出它们的美味了。

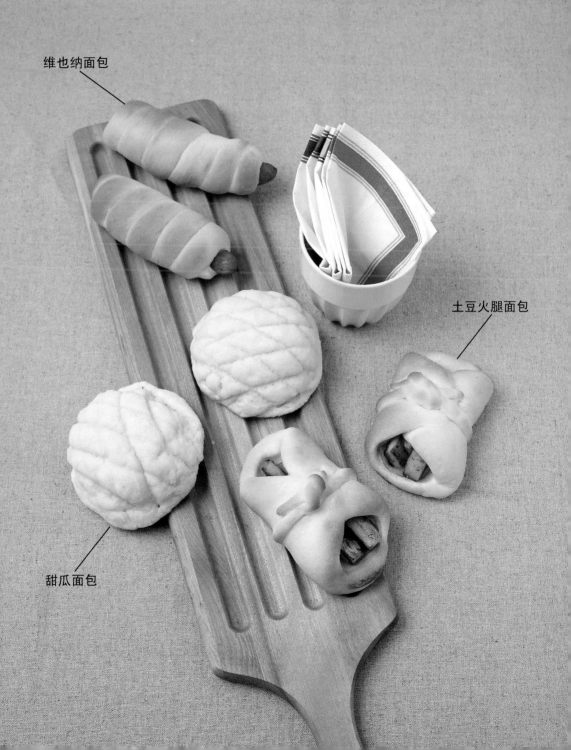

维也纳面包

土豆火腿面包

甜瓜面包

乳蛋面包

可以作为小吃也可以当作零食来吃的人气面包。

难易度 🐴🐴🐴🐴

卡路里：202 千卡/个　　面包分量：8 个

9…⋮. 　　10…⋮.

配料和发酵温度

配料	干酵母 克	有机天然酵母 克
高筋面粉	200.0	200.0
白糖	10.0	10.0
食盐	3.2	3.2
酵母	4.0	4.0
水	130.0	126.0
黄油	10.0	10.0
夹馅	24.0	24.0
揉面后的目标温度	28℃	28℃
一次发酵	30℃ 50～60分钟	30℃ 60～70分钟
二次发酵	30℃ 40分钟	30℃ 40分钟

维也纳面包

在里面加入不同口味的配料，就可享受到不同的风味面包。

难易度 🐴🐴🐴🐴

卡路里：215 千卡/个　　面包分量：7 个

9…⋮. 　　10…⋮.

配料和发酵温度

配料	干酵母 克	有机天然酵母 克
高筋面粉	200.0	200.0
白糖	10.0	10.0
食盐	3.2	3.2
酵母	4.0	4.0
水	130.0	126.0
黄油	10.0	10.0
香肠	7根	7根
揉面后的目标温度	28℃	28℃
一次发酵	30℃ 50～60分钟	30℃ 60～70分钟
二次发酵	30℃ 50分钟	30℃ 50分钟

准备

A 制作乳蛋面包的夹馅。将香菇和黄油一起炒，撒上食盐和胡椒粉。在碗里放进奶油80克，鸡蛋100克，溶解的乳酪60克，充分搅拌之后和炒好的香菇混合。

其他准备 1～7

❖ 直到步骤7的手指判断，做法都和"田园面包"一样。

❖ 干酵母　→第36页

❖ 有机天然酵母→第39页

8 **切割与等待时间**

一次发酵结束后，把面团取出放在案板上，分割成大小相等的8份。各自揉成圆形，等待10分钟。注意防止干燥。

9 **成形与二次发酵**

用擀面杖将面团擀成圆形，放进玻璃盆里。

10 进行二次发酵，直至大小变为原来的2倍左右；将A步骤里制作的夹馅放进去。

11 **烤制**

将烤箱预热到200℃，烤制15分钟左右。

准备 1～7

❖ 直到步骤7的手指判断，做法都和"田园面包"一样。

❖ 干酵母　→第36页

❖ 有机天然酵母→第39页

8 **切割与等待时间**

一次发酵结束后，把面团取出放在案板上，分割成大小相等的6份。各自揉成椭圆形，等待10分钟。注意防止干燥。

9 **成形与二次发酵**

用擀面杖将面团擀成延展状，卷成长卷。从中间开始往两侧用力，转动，揉成30厘米长。缠在香肠上，让香肠的两端稍微露出。长面卷的两端要紧紧捏合。

10 进行二次发酵，直至面团大小变为原来的2倍左右。

11 **烤制**

随你的喜好涂上打好的鸡蛋（分量外）。将烤箱预热到190℃，烤制12～15分钟。

夹馅面包

因为面包的味道中规中矩，所以能体现出小红豆的美味来。

难易度

卡路里：215千卡/个　　面包分量：7个

9…∴.

配料和发酵温度

配料	干酵母 克	有机天然酵母 克
高筋面粉	200.0	200.0
白糖	10.0	10.0
食盐	3.2	3.2
酵母	4.0	4.0
水	130.0	126.0
黄油	10.0	10.0
馅	210	210
揉面后的目标温度	28℃	28℃
一次发酵	30℃ 50～60分钟	30℃ 60～70分钟
二次发酵	30℃ 50分钟	30℃ 50分钟

准备 1 ～ 7

✤ 直到步骤7的手指判断，做法都和"田园面包"一样。

✤ 干酵母 →第36页

✤ 有机天然酵母→第39页

8 切割与等待时间

一次发酵结束后，把面团取出放在案板上，分割成大小相等的7份。各自揉成椭圆，等待10分钟。注意防止干燥。

9 成形与二次发酵

用擀面杖将面团擀成圆片，包上30克的馅。等待10分钟。

10 进行二次发酵，直至面团大小变为原来的2倍左右。

11 烤制

将烤箱预热到190℃，烤制12 ～ 15分钟。

奶油面包

高雅、清甜、柔软。

难易度

卡路里：175千卡/个　　面包分量：7个

9…∴.　　　　　　　　　　12…∴.

配料和发酵温度

配料	干酵母 克	有机天然酵母 克
高筋面粉	200.0	200.0
白糖	10.0	10.0
食盐	3.2	3.2
酵母	4.0	4.0
水	130.0	126.0
黄油	10.0	10.0
蛋奶奶油	210.0	210.0
揉面后的目标温度	28℃	28℃
一次发酵	30℃ 50～60分钟	30℃ 60～70分钟
二次发酵	30℃ 50分钟	30℃ 50分钟

准备 1 ～ 7

✤ 直到步骤7的手指判断，做法都和"田园面包"一样。

✤ 干酵母 →第36页

✤ 有机天然酵母 →第39页

8 切割与等待时间

一次发酵结束后，把面团取出放在案板上，分割成大小相等的7份。各自揉成椭圆，等待10分钟。注意防止干燥。

9 成形与二次发酵

用擀面杖将面团擀成圆片，涂上30克奶油。两端捏紧。

10 进行二次发酵，直至面团大小变为原来的2倍左右。

11 烤制

随你的喜好涂上打好的鸡蛋（分量外）。将烤箱预热到190℃，烤制12 ～ 15分钟。

甜瓜面包

硬度适中,脆生生的表皮!让人很自豪的是,即使放置一段时间也不会粘连,而且制作容易。

难易度

卡路里：259千卡/个　面包分量：8个

配料和发酵温度

配料	干酵母 克	有机天然酵母 克
高筋面粉	280.0	280.0
白糖	14.0	14.0
食盐	4.5	4.5
酵母	5.6	5.6
水	183.0	173.0
黄油	14.0	14.0
细砂糖	40.0	40.0
整个鸡蛋	40.0	40.0
全麦粉	30.0	30.0

揉面后的目标温度　28℃	28℃	
二次发酵　30℃ 50～60分钟	30℃ 60～70分钟	
二次发酵　25℃　60分钟	25℃　60分钟	

准备 1～7
❖直到步骤7的手指判断,做法都和"田园面包"一样。
❖干酵母 →第36页
❖有机天然酵母→第39页

8 制作甜瓜皮。将黄油和细砂糖混合放进碗里,用打蛋器搅拌,直至变成白色。

9 在步骤8加入打好的鸡蛋,加入全麦粉,用力搅拌(注意不要过度)。

10 将步骤9的甜瓜皮半成品揉成一个个20克的小球,放在保鲜膜上,用擀面杖挤压为直径10厘米左右的面饼,放在冰箱里冷冻。

11 切割与等待时间
将一次发酵完成的面团分割成8等份,揉圆,等待10分钟。注意防止干燥。

12 成形与二次发酵
用手挤压面团,排出里面的空气,重新揉圆。

13 把步骤10完成的甜瓜皮包在步骤12的面团里,撒上细砂糖,并画上图案。

14 二次发酵,直至大小变为原来的2倍左右。

15 烤制
将烤箱预热到190℃,烤制12～15分钟。

8…∴.

9…∴.

10…∴.

14…∴.

面包备忘录
如果面团的发酵温度过高,甜瓜皮里面的黄油成分会融化掉,所以发酵温度应该要比别的面包低,同时发酵时间要设定得长一些。

土豆火腿面包

很有嚼劲的家常面包。用咸的食材做出来的面包也不错哦。

难易度

卡路里：234千卡/个　面包分量：8个

配料和发酵温度

配料	干酵母 克	有机天然酵母 克
高筋面粉	280.0	280.0
白糖	14.0	14.0
食盐	4.5	4.5
酵母	5.6	5.6
水	182.6	173.6
黄油	14.0	14.0
蛋黄酱	适量	适量
土豆条	24片	24片
食盐、胡椒粉	适量	适量
火腿	8根	8根

揉面后的目标温度	28℃	28℃
二次发酵	30℃ 50～60分钟	30℃ 60～70分钟
二次发酵	30℃ 50分钟	30℃ 50分钟

准备

A 把土豆切成1厘米宽的条。在水里泡2分钟左右，沥干水分，放平底锅里稍微煎一下，撒上食盐和胡椒粉，冷却。

其他准备

❖ 直到步骤7的手指判断，做法都和"田园面包"一样。

❖ 干酵母 →第36页

❖ 有机天然酵母→第39页

8 **切割与等待时间**
一次发酵结束后，分出60克大小的面团8份。各自揉成椭圆，等待10分钟。注意防止干燥。同时取10克的面团8份，同样揉圆，并搓成棒状。

9 **成形与二次发酵**
把60克的小面团擀成片，涂上蛋黄酱，铺上火腿片。

10 正中间放上A做好的土豆条3～4片，从两边往中间叠。

11 把搓成棒状的面团搓成细绳状，当作绳子把面包捆上。

12 二次发酵，直至大小变为原来的2倍左右。

13 **烤制**
将烤箱预热到190℃，烤制12～15分钟。

8 …:.

9 …:.

10 …:.

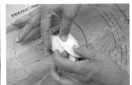

11 …:.

> **面包备忘录**
> 吃起来有点面的土豆和火腿配合起来口感很好。除了土豆与火腿之外，甘薯、南瓜、焯过的菠菜、西兰花等应季蔬菜都可以拿来试试。

英国松饼

风格独特的外形很可爱。
番茄酱、半熟的荷包蛋,和什么搭配都合适。

难易度 🐎 🐎

卡路里:124千卡/个　面包分量:6个　模型(直径9厘米)6个

配料和发酵温度

配料	干酵母 克	有机天然酵母 克
高筋面粉	180.0	180.0
白糖	9.0	9.0
食盐	2.8	2.8
酵母	3.6	3.6
水	117.0	117.0
黄油	5.4	5.4
玉米粉	适量	适量
揉面后的目标温度	28℃	28℃
一次发酵	30℃ 50～60分钟	30℃ 60～70分钟
二次发酵	30℃ 40～50分钟	30℃ 40～50分钟

准备 1～7

❖ 直到步骤7的手指判断,做法都和"田园面包"一样。

❖ 干酵母　→第36页

❖ 有机天然酵母→第39页

8　切割与等待时间

一次发酵结束后,分割成大小相等的6份。各自揉圆,等待10分钟。注意防止干燥。

9　重新揉圆一次,喷雾。在表面撒上玉米粉。

10　把模型放在烤箱纸上,把面团放进去,注意接缝朝下。用手轻轻地按压面团。

11　在30℃的温度下进行二次发酵40～50分钟,直至面团膨胀至模型的边缘。

12　烤制

在模型的上面盖一个烤盘。将烤箱预热到190℃,烤制12～15分钟。

面包备忘录

二次发酵,直至胀满模型的80%左右,就可以烤制了。把它们放在烤炉的烤盘上,用文火慢慢烤。这种面包的烤制方法很特别,需要控制好膨胀的程度。用叉子等从周围插进去,将面包和模型分开,再稍微烤一下就可以吃了。

8……:.

9……:.

10……:.

11……:.

Part 4

以橄榄油为原料的面包

橄榄油风味面包

橄榄油风味面包充分体现出橄榄油的风味。让我们一起来享受这种"意大利"面包的制作过程吧！富气面包（一种表面有很多孔和洞的面包）和恰巴塔（一种意大利面包）也能表现出橄榄油独有的风味。我们可以享受随着加入油的时间不同、分量不同而带来的面包的不同风味。总之，一定要用你喜欢的橄榄油来尝试一下！

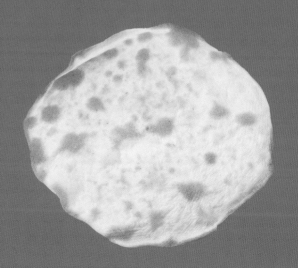

原味比萨

让人中意的外形、惹人喜爱的装饰。很希望大家一起把它切开，热热闹闹地吃。并且它的发酵时间短，难度也不大，即使是初学者也可以尝试从比萨饼开始！

原味比萨（干酵母）

只要把原配料的面团准备好，临时搭配些小点心，再经过烤制就可以了。

难易度

卡路里：702千卡/个　比萨分量：2个

配料

配料	克
高筋面粉	300.0
白糖	9.0
食盐	4.8
酵母	6.0
水	189.0
橄榄油	30.0

发酵温度

揉面后的目标温度	28℃	
一次发酵	30℃	50～60分钟
二次发酵	不需要	

1 和面

将高筋面粉、白糖、食盐倒进玻璃盆里，搅拌均匀。

2

在温水里加入橄榄油。充分搅拌后倒入步骤1，揉成团。盖上盖子等待10分钟。

3 揉面

将和好的面放在案板上，均匀地加入干酵母，充分揉搓，直至面粉粘成团。用手腕从里往外揉压面团再收回来以便空气进入。如此反复。

4 一口气将面团揉成团之后，再继续揉搓3～5分钟。

5 一次发酵
把面团揉搓好后，揉成漂亮的圆形，放在玻璃盆里，盖上盖子放于温暖的地方进行一次发酵。

6 待面团膨胀至原来大小的2.5倍左右，用手指判断发酵是否完成。

7 切割与等待时间
通过称量将面团均分成2份，揉圆，等待15分钟。

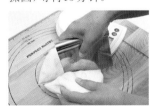

8 成形
把面团放在案板上擀成厚度大约为1厘米的圆面片（四角形也可以）。如果一边从中心往外边擀压，一边转动案板，会擀得很漂亮。

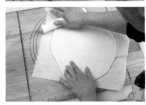

9 用叉子在擀好的面片上插出一个个的小洞，涂上沙司。再在上面放上奶酪等配料。（不需要二次发酵。）

10 烤制
将烤箱预热到250℃。然后在220℃的温度下烤制15分钟。如果出现看起来很诱人的烤痕就可以了。

> **面包备忘录**
> 　　如果做成圆形困难的话，也可以做成四角形。擀薄的时候，要注意从中间往四周用力，不要心急，慢慢来。这点很重要。

原味比萨（有机天然酵母）

难易度

卡路里：702千卡/个　比萨分量：2个

配料

配料	克
高筋面粉	300.0
白糖	9.0
食盐	4.8
酵母	6.0
水	183.0
橄榄油	30.0

发酵温度

揉面后的目标温度	28℃
一次发酵	30℃　50～60分钟
二次发酵	不需要

1 和面

将高筋面粉、白糖、食盐倒进玻璃盆里，搅拌均匀。

2

在碗里倒入温水，再加入橄榄油。充分搅拌后倒入步骤1，揉成团。盖上盖子等待10分钟。

3 揉面

将和好的面放在案板上，均匀地加入有机天然酵母，充分揉搓5分钟。

4

一口气将面团揉成团之后，再继续揉搓3～5分钟。

5 一次发酵

把面团揉搓好后，揉成漂亮的球形，放在玻璃盆里，盖上盖子，放置于温暖的地方进行一次发酵。

6

待面团膨胀至原来大小的2.5倍左右，用手指判断发酵是否完成。

7 切割与等待时间

通过称量将面团均分成2份，揉圆，等待15分钟。

8 成形

在案板上用擀面杖将面团擀成大约1厘米厚的圆面片（四角形也可以）。如果一边从中心往外边擀压，一边转动案板，会擀得很漂亮。

9

用叉子尖在擀好的面片上插出一个个的小洞，涂上沙司。再在上面放上奶酪等配料。（不需要二次发酵。）

10 烤制

将烤箱预热到250℃。在220℃的温度下烤制15分钟。如果出现看起来很诱人的烤痕就可以了。

西葫芦和迷迭香的搭配称得上美味绝伦。白绿相间的颜色也让这种比萨变得活泼清爽起来。

奶酪和西葫芦的组合　迷迭香风味

卡路里：288千卡/个　比萨分量：2个（4人份）

配料：干酪1/2块、乳酪20克、化开的奶酪40克、西葫芦1个、沙司30毫升、胡椒粉适量、迷迭香1～2根

做法：1 将干酪切成8等份。用小刀把乳酪削成薄片。将西葫芦切成1厘米厚的圆片。迷迭香切成2～3厘米长。

2 在比萨面饼上全部涂上沙司，放上化开的奶酪、干酪和西葫芦。然后撒上胡椒粉和迷迭香。

3 把步骤2放在烤盘上，将烤箱预热到200℃，烤制10～15分钟，直至奶酪融化。如果出现看起来很诱人的烤痕就可以了。烤好之后，在上面撒上切成薄片的乳酪。

55

恰巴塔　脆比萨

因为是来自意大利的面包，所以和西红柿、奶酪、橄榄、大蒜、意大利干酪以及鱼贝类都有着出色的搭配效果！

恰巴塔

脆比萨

蜂蜜姜味面包 富气面包

洋葱和熏肉、蜂蜜和生姜相辅相成的味道很受深谙味道的大人们的欢迎！

富气面包

蜂蜜姜味面包

恰巴塔

恰巴塔在意大利语里面是"拖鞋"的意思。外表平整、朴实是它的特征。

难易度

卡路里：257千卡/个　比萨分量：6个

配料和发酵温度

配料	干酵母 克	有机天然酵母 克
高筋面粉	300.0	300.0
白糖	9.0	9.0
食盐	6.0	6.0
酵母	6.0	6.0
水	195.0	186.0
玉米粉	45.0	45.0
揉面后的目标温度	28℃	28℃
一次发酵	30℃ 50～60分钟	30℃ 60～70分钟
二次发酵	30℃ 30～40分钟	30℃ 30～40分钟

8…:.

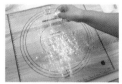

9…:.

准备 1 ～ 6

❖ 直到一次发酵、手指判断，步骤都和"原味比萨"一样。
❖ 干酵母 →第52页
❖ 有机天然酵母→第54页

7 切割与等待时间

一次发酵结束后，将面团重新揉圆，等待20分钟。注意要防止干燥。

8 成形与二次发酵

在案板（或者粗麻布）上撒上面粉，将面团擀成约30厘米×30厘米大小。进行30～40分钟的二次发酵，直至面团大小变为原来的2倍左右。注意要防止干燥。

9

在面团上撒上面粉（分量外），分成6等份。

10 烤制

将烤箱预热到250℃。在220℃的温度下烤制15～18分钟。

西红柿沙司是一种万能调料，意大利面配上它绝对可口。

开胃菜

卡路里：92千卡/个　分量：4人份

配料：洋葱250克、蘑菇150克、茄子1个、西葫芦1个、红椒1个、黄椒1个、西红柿200克、百里香（生）2棵、橄榄油适量

做法：1 将所有的配料切成1厘米宽的方形。2 将洋葱放在炒锅里和橄榄油一起炒，直至透明。再放进其他的蔬菜，炒至变软。3 把西红柿切碎和百里香混合，等待5分钟之后用筷子拌匀。盖上盖子，在文火下煮大约30分钟。

脆比萨

大胆地用手做，一定要用新鲜的食材来装饰它。

难易度 🐎🐎🐎🐎

卡路里：247千卡/个　比萨分量：4个

配料和发酵温度

配料	干酵母 克	有机天然酵母 克
高筋面粉	250.0	250.0
白糖	5.0	5.0
食盐	4.0	4.0
酵母	2.5	2.5
水	157.5	150.0
橄榄油	7.5	7.5
揉面后的目标温度	28℃	28℃
一次发酵	30℃　40分钟	30℃　40分钟
二次发酵	放进冰箱	放进冰箱

1 ～ 5 …∴. 　7 …∴.

9 …∴.　10 …∴.

面包备忘录

家庭用的烤箱也能做出脆比萨！只要在"冷冻"这个环节下点功夫，就能烤出脆比萨。面饼做好后，放冰箱里冷冻一天再烤制就OK了。

准备 1 ～ 5
❖ 直到一次发酵、手指判断，步骤都和"原味比萨"一样。
❖ 干酵母　→第52页
❖ 有机天然酵母→第54页

6 切割与等待时间
一次发酵之后面团大约会膨胀至原来的1.5 ～ 2倍（发酵时间比原味比萨要短）。
经过称量，把面团均分成4份，揉圆，等待15分钟。

7 成形与二次发酵
把面团放在烤箱纸上，尽可能地擀薄。（如果不容易擀，就让它"休息"约5分钟，再继续，就会擀得很漂亮了。注意，5分钟期间要防止干燥。）

8
保持步骤7成形后的原样，连同烤箱纸放进冰箱里。

9
冷冻之后，根据自己的喜好，适量加入比萨沙司（分量外），涂上薄薄的一层，放进烤箱里。将烤箱预热到230℃烤制约7分钟。烤好的比萨饼可以保存2 ～ 3天。

10 烤制
如果想吃，就涂上比萨沙司，再放上装饰的食材。在230℃的温度下烤制约10分钟，烤制得脆脆的就可以了。

奶酪和蜂蜜的巧妙搭配与烤得香香脆脆的比萨面饼相得益彰！

奶酪和蜂蜜组合的脆比萨

卡路里：135千卡/个　比萨分量：1个（4人份）

配料：脆比萨面饼1个、奶酪50克、蜂蜜适量、什锦生菜沙拉或芝麻菜适量

做法：1 预先把比萨面饼切成容易吃的小块。　2 放上切得大小合适的奶酪，涂上蜂蜜。
　　　3 按自己的喜好加上什锦生菜沙拉。

蜂蜜姜味面包

生姜的香气和蜂蜜的甘甜堪称和谐组合。
生姜粉吃起来的感觉也很刺激！

难易度 🐎 🐎 🐎 🐎 🐎

卡路里：180千卡/个　面包个数：7个

配料和发酵温度

配料	干酵母 克	有机天然酵母 克
高筋面粉	250.0	250.0
食盐	4.0	4.0
酵母	5.0	5.0
水	157.0	150.0
橄榄油	12.5	12.5
蜂蜜	50.0	50.0
生姜粉	适量	适量
生姜	50.0	50.0
揉面后的目标温度　28℃		28℃
一次发酵　30℃ 60～70分钟		30℃ 60～70分钟
二次发酵　30℃ 30～50分钟		30℃ 30～60分钟

准备

A　蜂蜜煮生姜。生姜80克和蜂蜜50克放在锅里，用
　　中火煮，去除水分。

其他准备 1～6

❖ 直到一次发酵、手指判断，步骤都和"原味比萨"一
　样。在步骤2的时候，把蜂蜜煮生姜和水一起加进去。

❖ 干酵母　→第52页

❖ 有机天然酵母→第54页

7 切割与等待时间

一次发酵结束后，将面团分成7等份，揉成椭圆形，等
待15分钟。

8 成形与二次发酵

用擀面杖将面团擀压成椭圆形面片，从椭圆半径的短
的一面开始卷成条。然后搓成又细又长的细绳状，并
编成花。（先弄出圈的形状，再将两头交叉。再把交叉
过的两头分别从下和从上穿进圈里。）

9 二次发酵，直至面团的大小变为原来的2倍左右。

10 烤制

将烤箱预热到190℃，烤制12～13分钟。

7....:.

8....:.

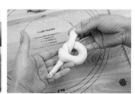

9...:.

面包备忘录
　　根据你的喜好，
可以加进肉桂粉。这
种面包的一次发酵
注意不要过头。

富气面包

来自法国南部的薄薄的烤面包。很脆，像煎饼一样。咸味，很适合做点心。

难易度 🐴 🐴 🐴

卡路里：291千卡/个　面包分量：5个

配料和发酵温度

配料	干酵母	有机天然酵母
	克	克
高筋面粉	230.0	230.0
白糖	9.0	9.0
食盐	4.8	4.8
酵母	6.0	6.0
水	180.0	171.0
橄榄油	9.0	9.0
熏肉、洋葱	75.0	75.0

揉面后的目标温度	28℃	28℃
二次发酵	30℃ 40～50分钟	30℃ 40～50分钟
三次发酵	30℃ 20分钟	30℃ 20分钟

8 …∴.

面包备忘录

　　除了熏肉、洋葱和大蒜的组合之外，还可以是咖喱粉与洋葱的组合，黑胡椒粉、碎鳀鱼与奶酪粉的组合。可以作为点心，也可以作为喝啤酒、白酒时的下酒菜。

准备

A 制作配料（熏肉洋葱）。准备熏肉2片、切碎的洋葱（1/2个）和大蒜1片，用橄榄油炒，加入盐和黑胡椒粉调味。

其他准备 1～6

❖直到一次发酵、手指判断，步骤都和"原味比萨"一样。准备好的A配料在步骤4结束后，分2～3次加进面团里。

❖干酵母 →第52页

❖有机天然酵母→第54页

7 切割与等待时间

将面团大致分成5份，揉圆，等待15分钟。

8 成形与二次发酵

擀薄，以达到像树叶一样的效果。用刀交替刻出5个椭圆形的洞。涂上橄榄油（分量外）。

9 等待20分钟。注意防止干燥。

10 烤制

将烤箱预热到250℃。在220℃的温度下烤制15分钟。

制作应季面包

在日本,春夏秋冬有着各自独特的魅力。

但是,四季也会带来气温、湿度等方面的环境变化。因此,制作面包的时候有必要在某些方面加以注意。

"我明明使用的是同一种面粉,但是今天却特别黏"、"今天发酵过快"、"总是发酵不好"等。你有过这样伤脑筋的时候吧?尤其是入冬时节和梅雨时节,气候骤变,很容易发生这种情况。制作面包的时候需要调整温度和湿度。

梅雨时节,面粉常常会受到空气湿度的影响。这时候要注意观察当时的状况,控制水分的多少。天气骤然变凉的时候,面粉和玻璃盆都会变凉,所以有必要转移到暖和的地方,同时适当调高水温。相反,天气热的时候,转移到凉爽的地方,注意降低水温。

随着季节的变化,制作面包时也需要做适当调整,为了准确掌握调整的技巧,建议你自己作记录。认真记下当天的室内温度、湿度、面团温度、发酵时间、烤制时间以及当时的所思所想,这样做出来的记录将是不输于指导书的、体现原创精神的食谱。我想,在自己的城堡——厨房里作的记录,有着无可取代的价值。

生活在有四季的国家里是一件很值得庆幸的事,多么想一边体会四季的变化一边制作面包啊。

✤ 本书附有"面包制作日记(参照第88页)"。请一定要充分利用。

Part 5

富含维生素、矿物质的健康面包

核桃面包

使用核桃、芝麻、水果等制作健康面包

　　在面团里加入不同的配料，面包会发生惊人的变化。仅仅是加入了烤过的核桃，面包就变成了香喷喷的"核桃面包"。同时，由于加入了配料，面粉和食材的美味充分得到体现。让我们一步一步地来烤制面包吧！

核桃分2次放入，形成的对比感和颗粒感让人百吃不厌，享受大自然的恩赐吧！

核桃面包

加入了有着隐约甜味和清香的核桃的面包，口感非常好，好吃得让人难以置信。

核桃面包 (干酵母)

无论切开哪里，都是核桃、核桃、核桃！
怎么可以这么好吃呢！

难易度 🐴🐴🐴🐴

卡路里：351千卡/个　面包分量：5个

配料

配料	克
高筋面粉	300.0
白糖	15.0
食盐	4.8
酵母	6.0
水	201.0
核桃	90.0

发酵温度

揉面后的目标温度	28℃	
一次发酵	30℃	50～60分钟
二次发酵	30℃	50～60分钟

准备

A 将烤箱预热到180℃，烤制核桃8～10分钟，趁热用竹篓把表皮去掉。冷却之后放进塑料袋里，轻轻拍打。把核桃分成大粒和小粒各一半。

1 和面

将高筋面粉、白糖、食盐放进玻璃盆搅拌均匀。

2

把A的小粒核桃和温水一起加进步骤1，揉成团。盖上盖子等待10分钟。

3 揉面

将面团平摊在案板上，均匀地加入干酵母，仔细揉搓5分钟。用手腕往前推，之后再收回来，使空气进入。

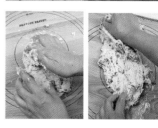

4 一口气将面团揉成团之后，加入A的大粒核桃，再继续揉搓3 ～ 5分钟。

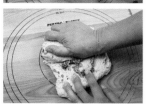

5 一次发酵

面团充分揉搓，揉成漂亮的圆，放进玻璃盆里。盖上盖子，放置在温暖的地方进行一次发酵。

6 待面团大小膨胀至原来的2.5倍左右，用手指判断发酵是否完成。

7 切割与等待时机

称量面团的大小，将其均分成5份，各自揉成椭圆形。等待15分钟。

8 成形与二次发酵

用擀面杖擀压面团，排出里面的空气，将面团翻过来，从里往外滚动揉搓，调整形状。注意接缝要光滑。挤出空气的过程可以是从中心往外侧进行，也可以是从中心往里侧进行。

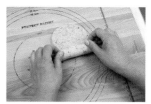

9 进行二次发酵，直至面团大小变为原来的2倍左右。

10 烤制

斜着切2 ～ 3个切口，将烤箱预热到200℃，烤制18 ～ 20分钟。

面包备忘录

如果能在制作面包的当天烤制核桃，就可以把核桃的香味原原本本地封存进面团里，烤出来的核桃面包将会更好吃。如果加进25%的葡萄干会变成"核桃葡萄干面包"，也很好吃。

核桃面包（有机天然酵母）

难易度 🐎 🐎 🐎 🐎

卡路里：351千卡/个　面包分量：5个

配料

配料	克
高筋面粉	300.0
白糖	15.0
食盐	4.8
酵母	6.0
水	192.0
核桃	90.0

发酵温度

揉面后的目标温度	28℃	
一次发酵	30℃	60～70分钟
二次发酵	30℃	50～60分钟

准备

A 将烤箱预热到180℃，烤制核桃8～10分钟，趁热用竹篓把表皮去掉。冷却之后放进塑料袋里，轻轻拍打。把它分成大粒和小粒各一半。

1 和面

将高筋面粉、白糖、食盐放进玻璃盆里，搅拌均匀。

2

把A的小粒核桃和温水加进步骤1，揉成团。盖上盖子等待10分钟。

1

3

3 揉面

将面团平摊在案板上，均匀地加入有机天然酵母，揉搓5分钟。

4
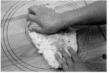

5
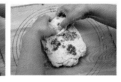

4

一口气将面团揉成团之后，加入A的大粒核桃，再继续揉搓3～5分钟。

5 一次发酵

面团充分揉搓，揉成漂亮的圆，放进玻璃盆里进行一次发酵。

> 发酵开始30分钟之后取出面团重新揉面、揉圆，接着再进行30～40分钟的发酵。

6

待面团大小膨胀至原来的2.5倍左右时，用手指判断发酵是否完成。

7 切割与等待时机

称量面团的大小，将其均分成5份，各自揉成椭圆。等待15分钟。

8 成形与二次发酵

用擀面杖擀压面团，排出里面的空气，将面团翻过来，从里往外滚动揉搓，调整形状。注意接缝要光滑。

9

进行二次发酵，直至面团大小变为原来的2倍左右。

10 烤制

斜着切2～3个切口，在200℃的温度下烤制18～20分钟。

玉米面包

菠菜胡萝卜面包

菠菜胡萝卜面包 玉米面包

菠菜和胡萝卜的颜色很相配。
那么，开始享受自然的恩惠吧！

黑芝麻干酪面包
水果面包

外形很可爱的黑芝麻干酪面包,有着黑麦面包的柔软;还有水果面包,天然的甘甜里尽显出高贵雅致的漂亮外形。在聚会上用绝对适合。

黑芝麻干酪面包

水果面包

菠菜胡萝卜面包

松软可口,即使是不喜欢吃蔬菜的小孩子也会抢着吃。
蔬菜的色、香、味、营养俱全的很棒的面包。

难易度

卡路里:139千卡/个　　面包分量:6个

配料和发酵温度

配料	干酵母 克	有机天然酵母 克
高筋面粉	200.0	200.0
白糖	6.0	6.0
食盐	4.0	4.0
酵母	4.0	4.0
水	110.5	104.5
菠菜	30.0	30.0
胡萝卜	50.0	50.0
白芝麻	适量	适量
揉面后的目标温度　28℃		28℃
一次发酵	30℃ 50～60分钟	30℃ 60～70分钟
二次发酵	30℃ 50～60分钟	30℃ 50～60分钟

8 ...：.

加入酵母的时间

❖干酵母、有机天然酵母
步骤3的时候,把面团展开,撒上酵母,
一边揉搓,一边使酵母与面团充分接
触,揉均匀。

准备

A 把菠菜放在盐水里煮一下,沥干水分,切碎。

B 把胡萝卜切成丝,快速炒一下。把盐和胡椒粉放进去调味。撒上白芝麻。

1 和面
将高筋面粉、白糖、食盐放进玻璃盆里,搅拌均匀。

2 把A和温水加进步骤1,揉成团。盖上盖子等待10分钟。

3 揉面
将面团放在案板上,仔细揉搓5分钟。

4 一口气将面团揉成团之后,加入B,再继续揉搓3～5分钟。

5 一次发酵
面团充分揉搓,揉成漂亮的圆,放进玻璃盆里,盖上盖子,放置在温暖的地方进行一次发酵。

使用有机天然酵母的情况下,发酵30分钟之后取出面团重新揉面、揉圆,接着再进行30～40分钟的发酵。

6 待面团大小膨胀至原来的2.5倍左右时,用手指判断发酵是否完成。

7 切割与等待时机
称量面团的大小,将其均分成6份,各自揉成椭圆形。等待15分钟。

8 成形与二次发酵
重新揉搓出漂亮的外形,注意接缝要光滑。

9 进行二次发酵,直至面团大小变为原来的2倍左右。

10 烤制
将烤箱预热到190℃,烤制18～20分钟。

玉米面包

味道浓厚的奶油玉米面包。
可爱的外形,很能吸引小孩子。

难易度

卡路里：151千卡/个　　面包分量：7个

配料和发酵温度

	干酵母	有机天然酵母
配料	克	克
高筋面粉	250.0	250.0
白糖	7.5	7.5
食盐	4.5	4.5
酵母	5.0	5.0
水	90.0	82.0
奶油玉米	100.0	100.0
玉米粒	50.0	50.0

揉面后的目标温度	28℃	28℃
一次发酵	30℃ 50～60分钟	30℃ 60～70分钟
二次发酵	30℃ 50～60分钟	30℃ 50～60分钟

7...∴. 8...∴.

加入酵母的时间

❖干酵母、有机天然酵母
步骤3的时候,把面团展开,撒上酵母,一边揉搓,一边使酵母和面团充分接触,揉均匀。

1 和面
将高筋面粉、白糖、食盐放进玻璃盆里,搅拌均匀。

2 把奶油玉米和温水加进去,揉成团。盖上盖子等待10分钟。

3 揉面
将面团放在案板上,仔细揉搓5分钟。

4 一口气将面团揉成团之后,继续揉搓3～5分钟后加入玉米,揉圆。

5 一次发酵
面团充分揉搓,揉成漂亮的圆,放进玻璃盆里,盖上盖子,放置在温暖的地方进行一次发酵。

使用有机天然酵母的情况下,发酵30分钟之后取出面团重新揉面、揉圆,接着再进行30～40分钟的发酵。

6 待面团大小膨胀至原来的2.5倍左右时,用手指判断发酵是否完成。

7 切割与等待时机
把面团分割成7个60克的,14个8克的,7个5克的。8克的面团揉成椭圆形。其他揉成圆形。等待15分钟。

8 成形与二次发酵
做出茶壶的形状。把60克的面团重新揉圆,注意接缝要光滑。把8克的面团揉成细长状,折一下安在60克面团的两边,作为茶壶的柄。5克的面团揉圆,做成壶盖的样子。

9 进行二次发酵,直至面团大小变为原来的2倍左右。

10 烤制
将烤箱预热到190℃,烤制13～15分钟。

黑芝麻干酪面包

香喷喷的芝麻和味道浓厚的奶酪巧妙搭配。
把它们摆放成完整的蛋糕形状,放在饭桌上,直接用手去拿吧!

难易度 🐎 🐎 🐎

卡路里:198千卡/个　　面包分量:6个

配料和发酵温度

配料	干酵母	有机天然酵母
	克	克
高筋面粉	200.0	200.0
白糖	10.0	10.0
食盐	4.0	4.0
酵母	4.0	4.0
水	134.0	128.0
黑芝麻	20.0	20.0
干酪	一块	一块
黑胡椒粉	适量	适量
揉面后的目标温度　28℃		28℃
一次发酵	30℃ 50～60分钟	30℃ 60～70分钟
二次发酵	30℃ 50～60分钟	30℃ 50～60分钟

7 ...:.

加入酵母的时间
❖干酵母、有机天然酵母
步骤3的时候,把面团展开,撒上酵母,一边揉搓,一边使酵母和面团充分接触,揉均匀。

准备
A 把干酪分成6等份。

1　和面
将高筋面粉、白糖、食盐、黑芝麻放进玻璃盆里,搅拌均匀。

2 加入温水,揉成团。盖上盖子等待10分钟。

3　揉面
将面团放在案板上,揉搓5分钟。

4 一口气将面团揉成团之后,继续揉搓3～5分钟。

5　一次发酵
揉好后,把面团做成一个漂亮的圆,放进玻璃盆里,盖上盖子(保鲜膜之类的也可以)。放置在温暖的地方进行一次发酵。

> 使用有机天然酵母的情况下,发酵30分钟之后取出面团重新揉面、揉圆,接着再进行30～40分钟的发酵。

6 待面团大小膨胀至原来的2.5倍左右,用手指判断发酵是否完成。

7　切割与等待时机
称量面团的大小,分成6份,各自揉圆。等待10分钟。

8　成形与二次发酵
用擀面杖将小的面团擀成圆形的面饼,放上干酪(可以随自己的喜好加入黑胡椒粉)。把面饼做成三角的形状,并把干酪包在里面。接口处要光滑。

9 进行二次发酵,直至面团大小变为原来的2倍左右。

10　烤制
将烤箱预热到200℃,烤制15分钟。

水果面包

把干果放进塑料袋里，加入30%的水，放一晚。这样，糖分不会流失。

难易度

卡路里：274千卡/个　　面包分量：5个

配料和发酵温度

配料	干酵母 克	有机天然酵母 克
高筋面粉	240.0	240.0
黑麦粉	60.5	60.5
白糖	9.0	9.0
食盐	5.4	5.4
酵母	6.0	6.0
水	195.0	186.0
干果的混合物	75.0	75.0
揉面后的目标温度	28℃	28℃
一次发酵	30℃ 40～50分钟	30℃ 50～60分钟
二次发酵	30℃ 40～50分钟	30℃ 40～50分钟

7……… 　　8………

加入酵母的时间

❖ 干酵母、有机天然酵母
步骤3的时候，把面团展开，撒上酵母，一边揉搓，一边使酵母和面团充分接触，揉均匀。

准备

A 把干果放进塑料袋里，加入30%的水，放置一晚。

1 和面
将高筋面粉、黑麦粉、白糖、食盐放进玻璃盆里，搅拌均匀。

2 加入温水，搅拌均匀，揉成团。盖上盖子等待10分钟。

3 揉面
将面团放在案板上，揉搓5分钟。

4 加入已经去除水分的A，继续揉搓3～5分钟。

5 一次发酵
揉好后，把面团做成一个漂亮的圆，放进玻璃盆里，盖上盖子（保鲜膜之类的也可以），放置在温暖的地方进行一次发酵。

> 使用有机天然酵母的情况下，发酵30分钟之后取出面团重新揉面、揉圆，接着再进行30～40分钟的发酵。

6 待面团大小膨胀至原来的2.5倍左右，用手指判断发酵是否完成。

7 切割与等待时机
称量面团的大小，分成5份，各自揉成椭圆形。等待15分钟。

8 成形与二次发酵
用擀面杖擀成薄薄的长面片，将其翻过来。从靠近自己的右上方的位置开始折出一个三角形，左边也采取同样的操作。随后，将其卷成卷。注意接口处要光滑。

9 进行二次发酵，直至面团大小变为原来的2倍左右。

10 烤制
撒上面粉（分量外），做出一个切口。将烤箱预热到200℃，烤制15～18分钟。

和家里的烤箱交朋友

要想烤制出可口的面包，具有决定作用的是烤箱。竭尽全力揉面、成形、发酵之后却发现因为烤箱没有设置好而失败，这是多么让人难以接受的打击啊。为了避免这样的情况，适当了解自家烤箱的特性就变得很重要。

电烤箱与燃气烤箱有20℃的差别。（本书提到的烤箱是指家庭用的电烤箱。）比如，电烤箱使用时温度为200℃，但是如果是燃气烤箱，需要把温度调到180℃。

电烤箱与燃气烤箱的特征如下：

燃气烤箱是靠热风来加热烤制的，所以容易导致面皮干燥，箱内空间小。这时候，可以在最下一层铺上小石子，预热的时候放一碗水进去。箱内的湿度就会适当增加，可以防止面团急剧干燥，有利于其膨胀。

电烤箱加温烤制靠的是热气而不是热风，所以面团不会那么容易干燥。只是它的火力没有燃气烤箱强，建议在烤制大块头的面包时，要先预热烤盘。

另外，家庭用的烤箱箱内空间很小，一旦打开，温度会很容易下降。所以应注意电烤箱的开与关。

Part 6

富含鸡蛋、牛奶、黄油的甜点面包

富面包

使用鸡蛋、牛奶、黄油制作富面包。

配料丰富的富面包水分含量多，揉起来比较困难，但是做法却出奇的简单。富面包可以作为甜点自家吃，也可以作为礼物送给朋友，很受欢迎。这种时时让人嘴馋的甜点面包，你一定要好好享受它的丰富的味道！

橘子酸奶面包

竟然是这样的清爽优雅！

怎么吃也不会厌的它被赋予了很高的评价。

难易度 🐎🐎🐎🐎🐎

卡路里：323千卡/个　面包分量：5个

配料和发酵温度

配料	干酵母 克	有机天然酵母 克
高筋面粉	250.0	250.0
细砂糖	25.0	25.0
食盐	4.0	4.0
酵母	5.0	5.0
水	—	—
黄油	37.5	37.5
牛奶	90.5	82.5
酸奶	125.0	125.0
鲜奶油	15.0	15.0
橘子皮	75.0	75.0

揉面后的目标温度	28℃	28℃
一次发酵	30℃ 50～60分钟	30℃ 60～70分钟
二次发酵	30℃ 50～60分钟	30℃ 50～60分钟

2 …∴.

3 …∴.

4 …∴.

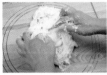

9 …∴.

11 …∴.

准备

A 去掉酸奶里面多余的水分。把酸奶、牛奶、鲜奶油放回常温。把牛奶、酸奶和鲜奶油混合均匀。

1 和面
将高筋面粉、白糖、食盐放进玻璃盆中,搅拌均匀。

2 把A加进去之后,揉成团,加入橘子皮,再次揉成团。盖上盖子放置10分钟。

3 把面团放在案板上,充分揉搓2～3分钟,直至揉成团。

4 把放回常温的黄油切成细丝,加入面团中,依照一定的节奏,充分揉搓5分钟。如果把黄油分成两次加入,揉起来会容易些。

5 再揉搓3～5分钟。

6 一次发酵
揉好后,把面团做成一个漂亮的圆,放进玻璃盆里,盖上盖子进行一次发酵。

> 使用有机天然酵母的情况下,发酵30分钟之后取出面团重新揉面、揉圆,接着再进行30～40分钟的发酵。

> **加入酵母的时间**
> ✛干酵母、有机天然酵母
> ✛步骤3的时候,把面团展开,撒上酵母,揉搓,使酵母和面团充分接触,揉均匀。

7 待面团大小膨胀至原来的2.5倍左右,用手指判断发酵是否完成。

8 切割与等待时机
称量面团的大小,均分成5份,滚动,揉成椭圆。等待10分钟。

9 成形与二次发酵
用擀面杖擀成椭圆形的面片,从自己这边开始往外卷,调整它的形状。注意接口处要光滑。

10 进行二次发酵,直至面团大小变为原来的2倍左右。

11 烤制
撒上面粉(分量外),做出2个切口。将烤箱预热到190℃,烤制20～23分钟。

> **面包备忘录**
> 橘子的甘甜和酸奶的酸味相得益彰,成就了这款非常好吃的面包。酸奶要使用原味的,尽量去掉里面的水分。

柠檬面包

把柠檬皮和汁揉进面团里，柠檬的美味和清香就全部显现出来了。搭配至关重要！

难易度 🐎 🐎 🐎 🐎 🐎

卡路里：一斤696千卡

面包重量：1千克　大小：8厘米×18厘米×6厘米

配料和发酵温度

配料	干酵母 克	有机天然酵母 克
高筋面粉	250.0	250.0
细砂糖	20.0	20.0
食盐	3.0	3.0
酵母	5.0	5.0
水	125.5	117.5
黄油	25.0	25.0
鸡蛋	37.5	37.5
柠檬汁	10.0	10.0
柠檬皮	1个（磨成粉）	1个（磨成粉）
柠檬皮	25.0	25.0

揉面后的目标温度　28℃　　　　　28℃

一次发酵	30℃ 50～60分钟	30℃ 60～70分钟
二次发酵	30℃ 50～60分钟	30℃ 50～60分钟

3...:.

7...:.

8...:.

9...:.

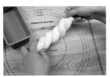

10 ....:.

准备

A 把鸡蛋、柠檬汁和温水搅拌均匀。

B 制作糖霜。（把分量外的细砂糖和柠檬汁混合在一起搅拌就可以了。）

1 和面
在玻璃盆里加入高筋面粉、白糖、食盐，搅拌均匀。

2
把磨好的柠檬粉、柠檬皮和A加入面团，充分揉搓，成团。盖上盖子等待10分钟左右。

3 揉面
把面团放在案板上，按一定的节奏，充分揉搓2～3分钟，直至面团相互粘在一起。

4
把放回室温的黄油切成丝，加进面团，按照一定的节奏充分揉搓5分钟。如果分两次加黄油，操作起来会容易一些。

5
一口气把面团揉成漂亮的圆形，再继续揉搓3～5分钟。

6 一次发酵
揉好后，把面团揉成一个漂亮的圆，放进玻璃盆里，盖上盖子进行一次发酵。

使用有机天然酵母的情况下，发酵30分钟之后取出面团重新揉面、揉圆，接着再进行30～40分钟的发酵。

7
待面团大小膨胀至原来的2.5倍左右，用手指判断发酵是否完成。

8 切割与等待时机
称量面团的大小，均分成4份，揉成椭圆。等待15分钟。

9 成形与二次发酵
用擀面杖将面团擀成椭圆形的面片，从两端开始卷，卷得长长的。再把两根放在一起，拧成麻花状，放进模型里。

10
进行二次发酵，直至面团膨胀至模型的边缘。

11 烤制
将烤箱预热到190℃，烤制18～20分钟。烤好后，从模型里取出面包。冷却之后，用勺子舀糖霜浇在上面。

面包备忘录
　　新鲜柠檬的香味和软乎乎的面包让口齿留香。这款面包样子可爱，深受成熟女性的喜爱，所以作为礼物也很受欢迎。

心形巧克力面包

以可可粉为配料，将甜味控制在一定的程度。再在上面撒上巧克力碎末。用甜味和苦味创造出独有的风味。

难易度

卡路里：398千卡/个　面包分量：5个

配料和发酵温度

配料	干酵母 克	有机天然酵母 克
高筋面粉	250.0	250.0
细砂糖	20.0	20.0
食盐	3.5	3.5
酵母	5.0	5.0
水	—	—
黄油	37.0	37.0
牛奶	105.5	97.5
鸡蛋	37.0	37.0
鲜奶油	50.0	50.0
巧克力	62.0	62.0
可可粉	10.0	10.0

揉面后的目标温度	28℃	28℃
一次发酵	30℃ 50～60分钟	30℃ 60～70分钟
二次发酵	30℃ 50～60分钟	30℃ 50～60分钟

1...:.

2...:.

8...:.

10 ...:.

准备

A 将黄油和巧克力放在保鲜膜上，在微波炉里加热1分钟～1分半钟，使其融化。

B 把A和鲜奶油、鸡蛋放进碗里，用打蛋器充分搅拌均匀。

1 **和面**
在玻璃盆里加入高筋面粉、细砂糖、食盐和可可粉，搅拌均匀。

2 在步骤1里面加入B，充分揉搓成团。盖上盖子等待10分钟。

3 把面团放在案板上，充分揉搓2～3分钟，直至相互粘在一起。

4 一口气把面团揉搓成漂亮的圆形，再继续揉搓3～5分钟。

5 **一次发酵**
揉好后，把面团揉成一个漂亮的圆，放进玻璃盆里，盖上盖子进行一次发酵。

> 在使用有机天然酵母的情况下，发酵30分钟后取出面团重新揉面、揉圆，接着再发酵30～40分钟。

> **加入酵母的时间**
> ✤ 干酵母、有机天然酵母
> ✤ 步骤3的时候，把面团展开，撒上酵母，揉搓，使酵母和面团充分接触，揉均匀。

6 待面团大小膨胀至原来的2.5倍左右，用手指判断发酵是否完成。

7 **切割与等待时机**
称量面团的大小，均分成5份，揉成椭圆形。等待15分钟。

8 **成形与二次发酵**
用擀面杖将面团擀成椭圆形的面片，从两端开始卷，注意接口处要光滑，卷成棒状。对折。接口处紧密捏合。用刀在对折后的面团上2/3处做一个切口，并打开，做成心形。

9 进行二次发酵，直至面团大小变为原来的2倍左右。

10 **烤制**
将烤箱预热到190℃，烤制16～18分钟。

> **面包备忘录**
> 巧克力的好吃不单单在于甜，这种好吃的滋味掺杂在了面包里。相比于巧克力点心，这种面包的制作很简单，很短的时间内就完成了。同时，这种面包超级柔软和可爱，适合于作为情人节的礼物。

香蕉奶茶面包

也许香蕉和红茶的搭配让你觉得很不可思议，但是吃了之后你就会认同了。吃起来软软乎乎的感觉和英国松饼很相似。

难易度 🐎🐎🐎🐎🐎

卡路里：191千卡/个　　面包分量：松饼杯（直径5厘米）6个

配料和发酵温度

配料	干酵母 克	有机天然酵母 克
高筋面粉	200.0	200.0
细砂糖	20.0	20.0
食盐	2.4	2.4
酵母	4.0	4.0
水	—	—
黄油	20.0	20.0
奶茶	106.5	100.5
香蕉	50.0	50.0

揉面后的目标温度	28℃	28℃
一次发酵	30℃ 50～60分钟	30℃ 50～60分钟
二次发酵	30℃ 50～60分钟	30℃ 50～60分钟

2…∴.  4…∴.

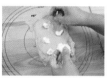 

5…∴.

 8…∴.

加入酵母的时间
❖ 干酵母、有机天然酵母
❖ 步骤3的时候，把面团展开，撒上酵母，一边揉搓，一边使酵母和面团充分接触，揉均匀。

准备

A 把3袋红茶和牛奶一起煮。

B 把香蕉切成适当的大小。

1 和面
在玻璃盆里加入高筋面粉、白糖、食盐，搅拌均匀，使空气进入。

2
在面团里加入A和B充分揉搓，成团。盖上盖子等待10分钟左右。

3 揉面
把面团放在案板上，充分揉搓2～3分钟，直至面粉相互粘在一起。

4
把放回室温的黄油切成丝，加进面团，按照一定的节奏充分揉搓5分钟。一口气把面团揉成漂亮的圆形，再进行揉搓3～5分钟。

5 一次发酵
揉好后，把面团揉成一个漂亮的圆，放进玻璃盆里，盖上盖子进行一次发酵。

> 使用有机天然酵母的时候，发酵30分钟之后要取出面团重新揉面、揉圆，接着再发酵30～40分钟。

6
待面团大小膨胀至原来的2.5倍左右，用手指判断发酵是否完成。

7 切割与等待时机
称量面团的大小，均分成6份，揉成椭圆。等待10分钟。

8 成形与二次发酵
用擀面杖擀成椭圆形的面片，每个面片包上切好的香蕉10克，接口处要揉搓光滑。揉成漂亮的圆，接缝朝下放进松饼杯里。

9
进行二次发酵，直至面团膨胀稍微超过杯口。

10 烤制
可以根据自己的喜好，加进肉桂糖。将烤箱预热到190℃，烤制约15分钟。

> **面包备忘录**
> 这是以口感很重的奶茶为配料烤制出来的面包。请使用甜的、成熟的香蕉。风味非常独特。

原味司康面包
葡萄干司康面包

只要放置一晚上就可以了，非常简单！

一定要在朋友面前炫一炫！

难易度

卡路里：原味司康面包　　　　199千卡/个　　面包分量：4个

卡路里：葡萄干司康面包　　　215千卡/个　　面包分量：4个

配料和发酵温度

配料	干酵母 克	有机天然酵母 克
高筋面粉	250.0	250.0
砂糖	25.0	25.0
食盐	3.0	3.0
酵母	2.5	2.5
水	—	—
黄油	62.0	62.0
牛奶	122.5	115.0
鸡蛋	25.0	25.0
葡萄干	25.0	25.0
揉面后的目标温度	没有	没有
二次发酵	放进冰箱冷藏	放进冰箱冷藏
二次发酵	没有	没有

准备

A 把黄油充分冷却。

B 把葡萄干放在温水里洗干净,沥干水分。

加入酵母的时间

❖ 所有的酵母都一样,在步骤4的时候和配料一起加进去。

2...:.

4...:.

5...:.

1 和面
把A切成骰子状。

2 在玻璃盆里放进高筋面粉(蛋糕粉也行),加入黄油,将它们混合均匀。

3 在别的碗里放进牛奶、白糖、食盐、鸡蛋、酵母,混合均匀。

4 把步骤3加入步骤2,用手揉捏成面团。

5 把步骤4分成2份。把其中一半捏成一个团(做原味司康面包)。

6 把剩下的一半舒展开,放上B的一半,并折叠、包裹起来,揉成一团。再展开,把剩下的葡萄干加进去(做葡萄干司康面包)。

7 休息
为防止干燥,给面团包上保鲜膜,放进冰箱里冷藏。

8 切割与成形
把面团分别切成4个面包的大小,随你的喜好用刷子在表面涂上打好的鸡蛋(整个鸡蛋,分量外)。可以不用整形。不需要发酵。

9 烤制
将烤箱预热到180℃,烤制约15～17分钟。

面包备忘录
　　相比于依靠发酵粉做成的司康饼,用酵母做的司康面包饱含着更深的韵味。除葡萄干之外,巧克力酱和橘子皮、奶酪也可以。橘子皮是在步骤4的时候加入。

神奇的酵母

为了让面包膨胀而使用的酵母菌，我们称之为酵母，它包括"天然酵母"和"自制酵母"。酵母和我们人类一样，都是地球上的小生命，它们为我们的面包制作贡献力量。如果能创造一个重视它们的特性、最大限度地发挥它们的环境，将是一件非常快乐的事。

为了轻松享受面包制作的过程，本书推荐使用干酵母和有机天然酵母。干酵母的发酵能力很强，初学者很容易掌握，只要按照一般的面包制作方法（混合材料、揉面、加入干酵母、一次发酵、切割与等待时间、成形、二次发酵、烤制）就可以搞定。有机天然酵母是由有机谷类和纯净水培养出来的，用它发酵的面包香气浓郁，甘甜可口。但由于培养成本高，价格也相对昂贵。使用有机天然酵母发酵时，由于它不适合高温，水温要比别的酵母略低。

除了书里介绍的两种酵母以外，还有白神树魂酵母（用蜂蜜培养），宜家酵母（用植物性乳酸菌放在苹果、小麦粉、麦芽糖里培养），果子面包酵母（酵母菌和乳酸菌共存的酵母）等。酵母不同，面包的风味也不同，您可以在体验每种酵母的味道之后，选择自己喜欢的酵母。

面包制作日记

年　　月　　日　☀·🌤·🌧

面包名字				酵母名字			
厨房环境	室内温度		℃	室内湿度		℃	
揉面结束后的温度		℃					
一次发酵	温度	℃	湿度	℃	面团温度	℃	时间　　分
二次发酵	温度	℃	湿度	℃	面团温度	℃	时间　　分
菜谱（配料）				克			％
札记							

Part 7

饱含爱意和真心的面包

用西红柿制作出来的干酪烩菜,使用牛奶和奶油的吐司布丁,
香草黄油、蒜末蛋黄酱、柠檬果酱面包等,饱含着大人和小孩子们
都很喜欢的、很想念的家常味道。
请一定要让它们成为你的餐桌上的常客!

西红柿干酪烙菜

制作简单的西红柿沙司
在芬兰是可口的家庭菜。

卡路里：389千卡（1人份）
分量：2份

和这道菜相配的面包：
法式软面包、全麦面包、
黑麦面包。

配料

土豆	2个
面包	100克
西红柿罐头	200克
洋葱（切碎）	1/2个
黄油	少许
无盐干酪	50克
鳀鱼	5块
乳酪	1大匙
罗勒（新鲜）	5～6枚
食盐、胡椒粉	适量

1 土豆煮熟，和面包一起切成骰子状。放进烤干酪烙菜用的碟子里。

2 用少量的黄油炒洋葱，直到洋葱有甜味。放进西红柿，煮开。加入少许盐和胡椒粉，制成西红柿沙司。

3 在步骤1里面加入西红柿沙司，撒上鳀鱼、罗勒、无盐干酪，将烤箱预热到230℃，烤制10～15分钟。

干酪火锅

明明只是简单地加入了融化的奶酪，
但是看起来却很高级。

卡路里：689千卡（1人份）
分量：4人份

和这道菜相配的面包：
法式软面包、全麦面包。

配料

干酪	50克
奶酪	50克
鲜奶油	90毫升
白葡萄酒	90毫升
蔬菜类	适量
黑胡椒粉	适量
荷兰芹	适量

1 把蔬菜煮熟，和面包一起切成骰子状。

2 把奶酪切细丝，放进火锅里，加入白葡萄酒和鲜奶油，用文火煮至奶酪融化，但注意不要煮沸。随后加入黑胡椒粉。可以根据自己的喜好改变奶酪的量。

3 把步骤1放在步骤2里面浸泡，吃的时候根据喜好加上荷兰芹。

蜗牛面包

也可以用扇贝、
小虾来代替蜗牛。

卡路里：399千卡（1人份）
面包分量：4人份（12个）

和这道菜相配的面包：
法式软面包、田园面包、
全麦面包、比萨。

配料

面包	120克
蜗牛（罐头）	12个
加盐黄油	150克
洋葱（切碎）	10克
荷兰芹	20克
柠檬汁	数滴
大蒜（磨碎的）	6克
辣椒	少许
盐	适量
松子	12颗
韭菜（或葱）	适量

1 选择用于制作自己喜欢的面包的面团，如法式软面包、白面包等。分割成每个10克的面团，揉圆，做成20个小圆面包。

2 把黄油放在常温下使之变柔软。加入洋葱、荷兰芹和大蒜，充分搅拌均匀。加入柠檬汁、食盐、辣椒等调味料。

3 把小面包的上部切开，放进蜗牛。把步骤2的黄油和松子也放进去，将烤箱预热到230℃，烤制5分钟左右，装饰上韭菜。

法式吐司布丁

鸡蛋、鲜奶油、牛奶糖。太好吃了，
以至于让人觉得这不是面包。

卡路里：508千卡（1人份）
吐司分量：5人份

和这道菜相配的面包：
法式软面包、田园面包。

配料

鲜奶油	300毫升
牛奶	300毫升
整鸡蛋	5个
鸡蛋黄	2个
细砂糖	100克
面包	40克
葡萄干	30克
牛奶糖	适量

1 在碗里打5个整鸡蛋和2个蛋黄，充分搅拌，直至混合均匀。

2 在锅里放进牛奶和细砂糖，用文火煮，直至细砂糖溶化。

3 在步骤1里加入步骤2和鲜奶油，混合均匀。

4 在细砂糖（分量外）里加少量的水，煮开，制作成牛奶糖，并把它倒进模型里。在底部铺上面包。撒上葡萄干。大量加入沙司，浸没面包。

5 等待5～10分钟。让面包和布丁调和。

6 隔水煮，将烤箱预热到160℃，烤制30分钟。

原汁煨肉

在浓香的奶油里面漂浮着白酒
的清香，这是很丰富的一盘菜。

卡路里：392 千卡（1人份）
分量：4人份

> 和这道菜相配的面包：
> 小圆面包、热狗面包。

配料

鸡肉	250 克
伞菌属蘑菇	约1/2 包
香菇	约1/2 包
食用蘑菇	约1/2 包
蕈	约1/2 包
橄榄油	适量
食盐、黑胡椒粉	适量
白葡萄酒	30毫升
肉汤	100毫升
鲜奶油	75毫升
乳酪	适量
芝麻菜	适量
小圆面包	4个

1 把伞菌属蘑菇、香菇、蕈切成薄片。把食用蘑菇撕开。加入橄榄油，一开始用高火，然后用文火炒，直至把水分炒干。去掉油脂。

2 在鸡肉的两面都涂上盐和黑胡椒粉，用高火把皮烤熟，然后用文火着色。等鸡肉烤熟之后取出，切成8块。

3 在步骤1淋上白葡萄酒。放在火上，蒸发掉酒精，加进肉汤和鲜奶油。煮成浓稠状沙司，加入奶乳调味。

4 横着把面包切成薄片。放上鸡肉，浇上沙司做成三明治。装饰上芝麻菜。

凯撒面包沙拉

不是油炸面包片而是柔软的吐司，
有一点奢华。

卡路里：346 千卡（1人份）
面包分量：3人份

> 和这道菜相配的面包：
> 法式软面包、核桃面包。

配料

蛋黄酱	60 克
鳀鱼	5 克
柠檬汁	3～5 滴
生菜	160 克
干酪	30 克
熏肉	40 克
芝麻菜	6～10 棵
核桃面包	80 克
食盐	适量
黑胡椒粉	适量

1 在碗里放入蛋黄酱和切碎的鳀鱼、柠檬汁，搅拌均匀，制作成沙司。

2 把面包切成2～3厘米的四角形，在烤箱里烤一下。把熏肉嫩煎。

3 把生菜切成容易吃的大小。撒上盐和黑胡椒粉。

4 把生菜装在盘子里，加入熏肉、面包（如果烤一下更好），装饰上芝麻菜。淋上干酪。加入步骤1的沙司。

蘑菇酱干酪火锅

和意大利面食是黄金组合，
和面包也很相配！

卡路里：121千卡（1人份）
分量：5～6人份

和这道菜相配的面包：
法式软面包、田园面包。

配料

丛生口蘑	约1包
伞菌属蘑菇	约1包
蘑菇	约1包
香菇	约1包
白葡萄酒	30毫升
西红柿（罐头）	适量
橄榄油	适量
大蒜	少许
干酪	一小片
食盐	适量

1 把从生口蘑撕碎，别的蘑菇切成细丝。或者根据你的喜好，选择别的蘑菇也可以。

2 用橄榄油炒步骤1的材料。（最初用高火，撒少许盐，等水分快干了，用文火炒20分钟。）加入白葡萄酒，去除水分。

3 把涂上橄榄油的面包和大蒜一起炒，引出它的香味。加入西红柿，做成大杂烩。撒上盐和胡椒粉调味。

4 把步骤2的蘑菇和步骤3的西红柿干酪火锅两者合一。（蘑菇和西红柿的比例为2：1）

5 在切好的面包上涂步骤4的酱，放上干酪。将烤箱预热到230℃，烤制10分钟左右。

红鱼子泥酱

这是一种万能的酱。可以随你的喜好
加白糖，把它当作沙拉来用也很美味。

卡路里：115千卡（1人份）
分量：5人份

和这道菜相配的面包：
法式软面包、田园面包。

配料

土豆	200克
鳕鱼子（淡酱油）	50克
鲜奶油	30克
蛋黄酱	30克
柠檬汁	3～4毫升
盐、胡椒粉	适量

1 把土豆洗净，切成两半。带皮煮熟，沥干水分。

2 土豆晾凉，加入鲜奶油，搅拌均匀。

3 冷却之后和其他配料混合。

日式蒜味蛋黄酱

涂在面包上，在烤箱里烤制之后，
就变身为顶级的大蒜吐司了。

总卡路里：757千卡
分量：5人份

和这道菜相配的面包：
法式软面包、全麦面
包、糙米面包。

配料

蛋黄酱	250克
鲜奶油	约1/2包
酱油	约1/2包
大蒜	约1/2包

1 把大蒜切细磨碎。
（市场上卖的碎大
蒜也可以。）所有的
配料混合均匀。

2 把步聚1的配料涂
在面包上，放上切
成薄片的洋葱和大
葱。如果有细葱更
好。然后稍微烤制
就可以享用了。

混合果酱 柠檬酸果酱

汁液饱满的果实的风味让人难以忘怀。

和这道菜相配的面包：法式软面包、田园
面包、司康面包。

总卡路里：236千卡 | 总卡路里：990千卡

配料

混合果酱	120克
细砂糖	40克
红葡萄酒	30克

把所有的配料放进锅
里，用文火炖。如果
想让它煮熟需要15分
钟。如果想要它的浓
度更浓，需要25分钟
左右。

配料

柠檬	120克
细砂糖	40克

1 把柠檬清洗干净，剥掉皮，
把白色的部分去掉，切成2
厘米左右的丝。

2 把步骤1的皮、果肉和细
砂糖放在锅里，静置几分
钟，待细砂糖溶化。

3 用文火炖，直至皮变得透
明。再次炖，直至达到想
要的硬度。

干西红柿酱

卡路里：97千卡（1人份）
分量：5～6人份

和这道菜相配的面包：
法式软面包、全麦面包、
田园面包。

配料

熟橄榄	50 克
鳀鱼	20 克
干西红柿	20 克
橄榄油	50 克
欧芹	适 量
食盐	适 量

1 把熟橄榄、鳀鱼、橄榄油搅拌成糊状。

2 把干西红柿切细，和步骤1混合均匀。

3 随自己的喜好涂在切好的面包上，放在烤箱里烤制，直至烤出颜色。（如果是普通烤箱就在200～250℃的温度下烤制5分钟，如果是吐司烤箱就烤制1～2分钟。）把欧芹等切成丝。

香草黄油

虽然很简单，但是香草的魅力渗透进了黄油里。

卡路里：1708千卡

和这道菜相配的面包：
法式软面包、全麦面包、
田园面包、核桃面包。

配料

盐味黄油	225 克
薤	15 克
欧芹	20 克
大蒜	10 克
柠檬汁	数滴
食盐	适量
胡椒粉	适量
辣椒	适量

1 把薤、荷兰芹和大蒜切碎，和常温下的盐味黄油以及剩余的配料混合。如果咸味不够，再加一些盐。

2 涂在面包上，放在烤箱里烤制，这样比较好吃。

烘焙工具

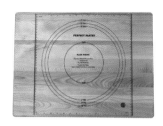

案板 ✤ ✤ ✤

揉面、切割、成形时使用的操作台。大号的比较容易操作。木头厚厚的质地有利于吸收面团里的多余湿气。不容易滑的塑料切菜板和经过喷雾杀菌的饭桌也可以代替木质案板。但无论哪一种都一定要清洁、保持干燥。

切口刀 ✤

烤制之前在面团上加入切口的时候使用的刀子。也有在专门的手柄上安上剃头刀的。可以代替菜刀和剃刀。制作切口的时候，先把刀刃处放在水里弄湿，这样面不会粘到刀刃上。因为刀刃很锋利，所以使用和保管的时候都要小心。

切刀 ✤ ✤

用来切割面团的刀。有不锈钢的、塑料的、熟铁材质的。切割的技巧是要麻利地一口气切成功。如果手边没有切刀，可以用普通的菜刀代替。

厨房秤 ✤ ✤ ✤

秤面粉、白糖、黄油等时使用。推荐使用最小单位是1克、测量范围在1000～2000克的计量器（最小单位是0.1克最好）。

擀面杖 ✤ ✤ ✤

把面团擀成均匀厚度的面片时使用。注意使用的时候擀面杖和面团要紧贴但是不要伤到面团，要敏捷地操作。推荐使用长度在20厘米以上的擀面杖。如果没有塑料擀面杖，也可用圆木头的。

玻璃碗 ✤ ✤ ✤

混合配料、面团进行一次发酵的时候使用。碗的配料有能耐火、升温降温都很快的不锈钢和轻便的塑料。对于面包制作来说，比较方便的是直径24厘米以上、能看到内部的玻璃制品。

量杯 ✤

测量液体配料时必不可少的工具。请选择能够测出1杯、2杯，标度比较细的量杯。量杯有不锈钢的，也有耐热玻璃的。耐热玻璃的刻度清晰，可以在微波炉里直接使用，很方便。

烤箱

烤箱是烘焙的主力，也是不可备的工具。要烤出美味的西点，选择一台心仪的烤箱是第一步。微波炉无法代替烤箱，它们的加热原理完全不一样。即使是有烧烤功能的微波炉也不行。

盖子（耐热玻璃器皿） ✤ ✤ ✤

在等待和发酵的过程中，为防止面团干燥、防止灰尘落入，要耐热玻璃器皿来做盖子。使用保鲜膜的时候，为了不让保鲜膜和面团直接接触，应先把保鲜膜封在玻璃碗上，再盖上盖子。

面粉筛 ✣ ✣

在面团上撒面粉的时候或者需要在烤好的面包上面撒可可粉的时候，都要用到面粉筛。它的使用技巧在于：在面粉筛里加入少量的面粉，从上面轻轻地往下撒。

烤箱纸 ✣ ✣ ✣

烤面包的时候铺在烤盘上的纸。使用烤箱纸，可以防止面团粘在器皿上，很顺利地把面团取出来。同时防止烤焦和弄脏烤盘。烤箱纸包括一次性的和可以循环利用的。为了避免面包粘上多余的油脂，建议大家一定要使用烤箱纸。

计时器 ✣ ✣ ✣

计时器对于掌握大致的发酵时间、等待时间、面包烤制时间是很必要的。设置好了计时器就可以避免由于不小心导致发酵过头的失败发生。想要准确地测量时间，请使用电子的。这张图片上的计时器能同时显示温度和湿度，是一个不错的选择。

厚手套 ✣ ✣ ✣

把烤好的面包从烤箱里往外取的时候要戴厚手套。刚刚烤好的面包和烤盘温度都很高，所以一定要戴上。手套的款式、风格有很多种，要尽量选择厚的、耐高温的手套。

除了这种手套之外，也可以把棉手套叠合起来使用。它的好处在于手指可以自由活动。

毛刷 ✣

一般在面包上涂鸡蛋、黄油、色拉油的时候使用。因为是涂在烤制前容易受到伤害的面团上，所以最好选用毛不易脱落的、比较柔软的刷子。使用技巧是，斜着刷，注意尽量涂得光滑不伤害到面团。为了给面包涂上酱，再准备一个毛比较硬的会更好。

温度计 ✣ ✣ ✣

温度计对于测量揉面结束后的目标温度、水温、室温等必不可少。要想做出好吃的面包，食材、房间的温度都很重要。建议使用可以测量到50℃的、直接接触面团的电子温度计。

喷雾器 ✣ ✣ ✣

给面团的表面加湿的时候使用。在发酵的时候为了防止面团表面干燥，可以用喷雾器来补充一些水分，面包烤好前也可以用它给烤箱增加水汽。另外，给面包增温的时候如果使用喷雾器，面包会更加美味。但是，如果过度使用喷雾器反而会伤害到面团，所以一定要注意在防止面团干燥的时候才能使用喷雾器。

打蛋器 ✣ ✣

一般情况下适合用来搅拌鸡蛋做蛋白酥皮，也可以搅拌鲜奶油。

剪刀 ✣

用来给面团加上切口（装饰用）、调整面团的外形。厨房里使用的剪刀就可以，头比较尖的可能会好用一些。使用之前请清洗干净，用完之后请注意清洁，擦干水妥善保管。

烘焙食材

制作面包的配料有：小麦粉、水、白糖、食盐、酵母。非常简单。
也正是因为这样，所以要选择新鲜度高的、品质好的原料。

高筋面粉

　　小麦里的蛋白质和水混合，揉搓之后会生成有黏性和弹性的组织：谷蛋白。谷蛋白把在酵母的作用下产生的碳酸气体包裹起来，从而在烤制的时候促进面团膨胀。撒在面团上的浮面和面团用的是同一种面粉。如果想用小麦粉做出蛋白质含量丰富、弹力强、柔软可口的面包，请使用进口的高筋小麦粉。

食盐

　　不仅仅是用来增加咸味，也有利于收紧谷蛋白、增强黏性，帮助制作出漂亮的有弹力的面包。另外，盐也有控制发酵、抑制杂菌繁殖的作用。如果加入过多会阻碍发酵，所以一定要注意用量。推荐使用富含矿物质的天然食盐。

白糖

　　白糖是酵母的营养源，同时也有利于发酵。不仅仅用来给面包增加甜味，也可以给面包上色，增加面包的香味和柔软性。另外，可以防止面包变得坚硬、走味。如果可以的话，推荐使用富含矿物质的有机蜜，这样做出来的面包会更好吃。

橄榄油

　　尽可能使用有果汁香味的、品质优良的油——特级初榨橄榄油。加进面团里之后，可以有利于谷蛋白的形成，同时防止水分蒸发，能更好地凸显出面包的风味。

黄油

　　通常和面包搭配食用。黄油有利于引出面包的风味，同时促进谷蛋白的形成。有利于制作出富含弹力的软面包。通常情况下，用于面包制作的黄油是无盐黄油。使用的时候，注意在常温下放置一段时间，让它变得柔软。

配料

　　把它们加在面团里，就可以享受到完美的香味和不错的口感。把核桃等加进面团的比例最好保持在面粉的30%。如果过多会导致发酵困难、面团黏合不好。因为有些配料容易变质，请在密封避光处保存。

黑麦

　　生长在寒冷地区的一年生谷类植物。德式面包里经常使用。相对于小麦粉，黑麦粉含有更多的食物纤维和矿物质，同时也有着独特的香味。单独使用的时候水分含量比较多，会有重量感，比较湿润。本书里把它和高筋面粉等混合使用。

全麦粉

　　因为是在不去掉小麦外面的麸皮和麦胚情况下磨制的，所以也被称为粗面粉。黑麦面粉富含维生素、矿物质和食物纤维，同时有着小麦的香气和味道。因为有磨制的粗细之分，磨得粗的叫作全麦粉。

糙米粉

　　糙米粉是糙米煎烤后做成的粉末。这是一种营养成分更高的糙米粉。糙米因为富含优质蛋白质、维生素、矿物质、食物纤维且营养均衡，深受大家喜爱。

牛奶

　　牛奶里面富含的乳糖可以引出面包的风味，同时让面包变得柔软可口。另外，也有助于面包的上色。和水一样，牛奶要放回常温后再使用。

水

　　如果水是凉的，就会导致面团难以发酵、面包不能膨胀。水要在微波炉等里面加热到35℃左右之后使用。同时，冬天和夏天，面粉和房间里的温度都不同，有必要用水来调节温度，以达到理想的状态。

鸡蛋

　　使不同种类的面包的外表变得湿润，改善面包状态。如果希望面包的表面有光泽，也可以在烤制之前用毛刷在面团的表面涂上一层鸡蛋液。

面包制作 Q &A

面团总是黏糊糊的，揉不好 1

小麦粉有着各自的吸水率。国产小麦粉和进口小麦粉的吸水率不同。一般情况下，国产小麦粉的吸水率比进口小麦粉的吸水率高。因此，在揉面的时候，如果使用国产小麦粉，请适当减少水量，揉面时间缩短 3 ～ 5 分钟。

面包不膨胀 2

面包不膨胀有以下几种原因：
① 没有揉好面
　如果没有揉好面就形成不了面筋，这样导致发酵的时候产生的气体没有被包住，就不会膨胀。
② 加水太多或太少
　如果加水太多或者太少都不容易膨胀。
③ 面团表面干燥
　如果面团表面干燥，即使里面发酵也不会膨胀起来。
④ 发酵过头
　一次发酵时，应将揉好的面团放置在温度30℃左右，湿度70 ～ 80℃的地方1小时，待面团体积膨胀至原来的1.5 ～ 2.5倍，然后用手指蘸点面粉在面团的中央戳一个洞，拔出手指后洞的大小没发生变化表示发酵完成。如果洞马上消失表示发酵未完成；如果面团往下陷，表示发酵过头。二次发酵后，用手指按压面团表面，如果指印留在上面，表示二次发酵完成。如果面团复原，表示发酵不足。如果面团产生皱纹，表示发酵过头。

发酵后的面团产生奇怪的味道（酵母味、酒精味） 3

如果酵母味很浓，可能是发酵不足。如果酒精味道很浓表明发酵过头。请注意好好揉面和设定适合的发酵温度。

面包烤得不好吃（纹理粗糙、坚硬、干巴巴） 4

可以认为是因为发酵过头。一次发酵的时间过长、二次发酵时面团表面过于干燥导致面团没有很好地膨胀，从而导致更长时间的等待。但是，事实上，面团里面发酵的过程还在进行。如果每次做面包的时候都记录适合发酵的温度和湿度，经过一段时间后就能大致明白发酵的要领了。

烤箱的温度难以调节，烤好后有斑 5

如果是因为烤箱的原因面包上有斑，可以把面团放进烤箱烤制8 ～ 10分钟后将烤箱的烤盘上下调换就可以。如果面团没有很好地膨胀也会导致斑的产生。